# WACHTELN HALTEN FÜR EINSTEIGER

Das große Wachtel Buch -
Alles über Wachtelhaltung und
Wachtelzucht im eigenen Garten

Inkl. Wachtelfutter selber machen

Miriam Wohlfahrt



1. Auflage 202

**Originale Erstauflage**



**Softcover:** 978-3-96967-010-1

**Redaktion:** Finn Alexander Dubbels

**Lektorat:** Matthias Kramer

**Druck/Auslieferung:** Amazon.com oder eine Tochtergesellschaft

**Cover:** belchonock - depositphotos.com

bearbeitet von Oliviaprodesign - Fiverr.com

**Impressum:**

Miriam Wohlfahrt wird vertreten durch:

Eulogia Verlags GmbH

Nagelsweg 22a

20097 Hamburg

Deutschland

**Wir wünschen viel Vergnügen beim Lesen!**

# WACHTELN HALTEN FÜR EINSTEIGER

# INHALTSVERZEICHNIS

# 1. VORWORT

Die Wachtel, Coturnix coturnix, zählt zu den Hühnervögeln. Wachteln wurden schon von den alten Ägyptern als Heimtiere und Ziervögel geschätzt. Heute werden vor allem Legewachteln und Fleischwachteln, die eine Unterart der japanischen Wachteln darstellen, gehalten.

Fleisch und Eier zählen auch heute noch zu begehrten Delikatessen bei den Gourmets. Das Fleisch der Wachtel kann allerdings für Menschen auch giftig sein. Verursacht wird die Toxizität durch Pflanzen mit giftigen Inhaltsstoffen, die von der Wachtel in der freien Natur gefressen werden. Die Stoffe reichern sich im Fleisch an und verursachen bei Menschen Coturnismus mit Muskelschmerzen, Zerstörung der Muskelzellen und Nierenversagen.

In den folgenden Kapiteln erhalten Sie Informationen über das Verhalten, die Lebensweise und die Haltung von Wachteln. Mit diesen Grundlagen fällt es auch Anfängern leicht, Wachteln im eigenen Garten tiergerecht zu halten.

# 2. ALLGEMEINE INFORMATIONEN

Wachteln haben eine durchschnittliche Lebenserwartung von drei bis sechs Jahren. Die Legeleistung sinkt ab dem ersten bis zweiten Lebensjahr immer weiter ab. Auch bei den Hähnen, die kleiner sind als die Hennen, sinkt die Befruchtungsrate bereits ab dem siebenten Lebensmonat. Die weiblichen Tiere können auch in Wohngebieten ohne Probleme gehalten werden, da sie nur leise, piepsende Lautäußerungen von sich geben. Junge Hähne sind eher laut, werden aber auch mit zunehmendem Alter immer ruhiger.

## 2.1 Was ist eine Wachtel?

- Ordnung: Hühnervögel
- Körpergröße: 20 Zentimeter
- Gewicht: 100 bis 120 Gramm
- Alter: bis zwei Jahre, in Ausnahmefällen bis fünf Jahre

- Lebensraum: Wiesen und Felder, Ackerrandstreifen
- Nahrung: Beeren, Triebe von Pflanzen, Samen, Schnecken, Würmer, Insekten, Getreide
- Mauser: von Juni bis Juli
- Paarungszeit: im Mai, dauert 18 Tage
- Brut: Die Wachtel ist ein Bodenbrüter. Es werden bis zu 14 Eier in flache Mulden gelegt.
- Küken: Nestflüchter
- Federn: braun, das Seitengefieder ist gestrichelt
- Weitere äußere Merkmale: Ein Streifen aus weißen Federn reicht von der Schnabelwurzel über die Augen bis in den Nacken der Wachtel
- Schnabel: klein und gebogen
- Feinde: Fuchs, Marder, Greifvögel

Wachteln sind heimische Bodenvögel, die heute kaum mehr in der freien Natur anzutreffen sind. Die Zugvögel verbringen den Winter in

Nordafrika. Im April kommen die Wachteln wieder nach Europa, um sich fortzupflanzen und die Küken aufzuziehen. Der Vogel, der eine ähnliche Größe wie der Star besitzt, fliegt nur selten und ist vor allem am Morgen und am Abend in der Dämmerung aktiv. Da durch die Bewirtschaftung des Bodens die Ruheflächen für Wachteln immer mehr zerstört werden, nimmt der Bestand an Vögeln in Mitteleuropa immer mehr ab. Auch der Einsatz von Spritzmitteln auf landwirtschaftlichen Flächen schadet den Wachteln. Die polygam lebenden Wachteln, ein Hahn verpaart sich immer mit mehreren Hennen, zählen zu der Ordnung der Hühnervögel. In der freien Natur leben der Hahn und die Hennen bis zu der Brutperiode zusammen. Danach werden die Küken 19 Tage lang vor allem von den Hennen geführt. Nach fünf bis sechs Wochen sind die Wachtelküken selbstständig.

## 2.2 Wachtelarten

Derzeit sind auf der ganzen Welt neben den wild lebenden Wachteln ungefähr 100 verschiedene Wachtelarten bekannt, die durch Selektion herausgezüchtet wurden. Die Hauptunterteilung erfolgt in Erdwachteln (Coturnix) und Zahnwachteln (Odontophoridae). Die Zierwachteln und Legewachteln sind normalerweise den Erdwachteln zuzuordnen. Zahnwachteln sind vor allem in Südamerika und Afrika verbreitet.

### 2.2.1 Zwergwachteln

Die aus Asien stammende Zwergwachtel ist einer der kleinsten Hühnervögel auf der Welt. Trotz ihrer geringen Körpergröße benötigen die Zwergwachteln viel Platz. Die Vögel leben, im Unterschied zu den anderen Wachtelarten, monogam. Revierkämpfe finden sowohl zwischen den Hähnen als auch zwischen den Hennen statt.

Zu den Zwergwachteln gehören:

- Chinesische Zwergwachteln
- Harlekinwachteln
- Regenwachteln
- Japanwachteln

#### 2.2.1.1 Die chinesische Zwergwachtel: Coturnix chinensis

- Verbreitung: Asien, Afrika, Australien
- Körperlänge: 12 bis 14 Zentimeter
- Gewicht: 45 bis 70 Gramm
- Lebenserwartung: 6 Jahre
- Lebensweise: tagaktiv
- Lebensraum: feuchte Graslandschaften, Gebirge bis 1.800 Meter
- Gefiederfarbe: Henne: sandfarben mit rostfarbenem Hals. Hahn: rostbrauner Scheitel mit schwarzen Bändern, schwarzer Kehlfleck, weiße Streifen vom Schnabel bis zu den Augen

- Farbvariationen: weiß, silber, rehbraun

Die chinesische Zwergwachtel besitzt kurze und runde Flügel. Der Vogel ist kaum in der Lage zu fliegen, kann aber aus dem Stand sechs Meter in die Höhe springen. Die monogam lebenden Wachteln reagieren mit Aggressionen auf Artgenossen. Sie sollten daher nie mehrere Paare in einem Käfig halten. Da die Vögel nicht zahm werden, verhalten sie sich bei einer Annäherung besonders schreckhaft. Da sie sich beim Auffliegen verletzen könnten, sollten die Käfige im oberen Bereich gepolstert werden.

Die Haltung und Pflege sind relativ einfach. Die Mindestgröße des Käfigs beträgt einen Kubikmeter. Da die chinesischen Zwergwachteln einen großen Bewegungsdrang haben, sollte ihnen ein großer Auslauf zur Verfügung stehen. Der Käfig wird als Ruheplatz ungefähr einen Meter über dem Boden befestigt. Sollen die chinesischen Zwergwachteln auch im Winter im Freien leben, benötigen sie einen vor Frost geschützten Schutzraum. Am Boden des Käfigs müssen immer Rückzugsmöglichkeiten aus Ästen, Laub oder hohem Gras zur Verfügung stehen.

### 2.2.1.2 Die Harlekinwachtel: Coturnix delegorguei

- Verbreitung: Jemen, Afrika, Madagaskar
- Größe: 16 bis 19 Zentimeter
- Gewicht: 63 bis 9 Gramm
- Gefiederfarbe: Henne: braun. Hahn: schwarz-weiße Zeichnung an Kopf und Kehle
- Brutzeit: Regenzeit
- Gelegegröße: 4 bis 8 Eier
- Ernährung: Samen, Insekten, Larven

Harlekinwachteln werden besonders früh im Alter von zwei Monaten geschlechtsreif. Die Vögel leben in kleinen Gruppen. Während der Brutzeit bilden sich Paare, die ihr Revier gegen Artgenossen verteidigen. Nach dem Schlüpfen der Brut wird der Hahn von der Henne nicht mehr in der Nähe der Brut geduldet.

In einer großen, mit Zweigen naturnah eingerichteten Voliere und Lebendfutter (Mehlwürmer) sind die Harlekinwachteln einfach zu züchten. Die Vögel sind weniger scheu als die chinesischen

Zwergwachteln. Die Haltung und Zucht sind daher auch für Anfänger gut geeignet.

### 2.2.1.3 Die europäische Wachtel: Coturnix coturnix

- Verbreitung: Mitteleuropa, Überwinterung in Afrika und Indien
- Größe: 18 Zentimeter
- Gewicht: 90 bis 100 Gramm
- Brutzeit: Mai
- Gelege: 7 bis 14 Eier
- Ernährung: Pflanzen, Samen, Getreide. Im Sommer sind auch Schnecken und Käfer Bestandteil der Nahrung.

Die europäischen Wachteln leben polygam. Der Hahn beteiligt sich nicht an der Brutpflege.

Werden die europäischen Wachteln gezüchtet, ist das Zugverhalten bereits in der ersten Generation stark verringert.

## 2.2.2 Zierwachteln

Zierwachteln können nicht für die Gewinnung von Eiern und auch kaum für die Fleischgewinnung gehalten werden. Zierwachteln werden daher vor allem aufgrund ihres schönen Gefieders gehalten. Die meisten Zierwachteln gehören in die Gruppe der Zahnwachteln. Da die Vögel bereits über einen langen Zeitraum an die Haltung durch Menschen gewöhnt sind, werden sie teilweise handzahm. Das Fluchtverhalten und Schreckverhalten sind nicht so stark ausgeprägt wie bei den anderen Wachtelarten.

Folgende Wachteln gehören zu den Zierwachteln:

- Kalifornische Schopfwachtel
- Virginiawachtel
- Montezumawachtel
- Straußwachtel
- Madagaskar Perlwachtel
- Dschungelwachtel
- Gambelwachtel

- Regenwachtel

### 2.2.2.1 Kalifornische Schopfwachtel: Callipepla californica

- Verbreitung: Hawaii, Chile, Nordamerika
- Lebensraum: Grasland, eine Wasserstelle sollte in der Nähe sein.
- Körperlänge: 27 Zentimeter
- Gewicht: 190 Gramm
- Gefieder: blau grau, an den Flügeln braun, am Bauch Schuppenzeichnung. Hahn: schwarz-weiße Gesichtszeichnung. Am Kopf befindet sich eine aus sechs schwarzen Federn bestehende Federnhaube, die nach vorne gerichtet ist. Henne: Das Gefieder ist nicht so intensiv gefärbt.
- Ernährung: Samen, Früchte, Insekten
- Brutzeit: Juni bis September
- Gelege: 10 bis 17 Eier

Die Schopfwachtel, die der Staatsvogel Kaliforniens ist, wird gerne als Zierwachtel gehalten. In der freien Wildbahn schließen sich die

Schopfwachteln zu Gruppen von zehn bis 40 Vögeln zusammen. Ab Februar bilden sich Paare, die ihr Revier gegenüber den anderen Wachteln verteidigen. Daher sollten die Vögel ab dem Erreichen des zweiten Lebensjahres monogam gehalten werden. Pro Zuchtpaar sollte eine Grundfläche von sechs Quadratmetern zur Verfügung stehen. Bei der Haltung muss außerdem beachtet werden, dass die Vögel auf dem Boden brüten, sich aber zum Schlafen in die Bäume zurückziehen. Eine Volierenhaltung mit anderen Vögeln, die ebenfalls Baumbewohner sind, ist problemlos möglich. Mit anderen Hühnervögeln ist die Schopfwachtel nicht verträglich.

Niedrige Temperaturen werden von der Schopfwachtel gut toleriert. Es besteht aber eine starke Empfindlichkeit auf Feuchtigkeit und Zugluft. Die Voliere sollte nach Süden ausgerichtet sein, damit der Boden nach Regen schnell austrocknen kann. Eine teilweise Überdachung schützt die Vögel vor Zugluft.

Da die kalifornischen Schopfwachteln schreckhaft und misstrauisch sind und bei der Flucht nach oben fliegen, sollten in der Voliere ausreichend Verstecke vorhanden sein. Die Fütterung und Bereitstellung von Trinkwasser finden am besten von außen, ohne die Voliere zu betreten, statt.

#### 2.2.2.2 Virginiawachtel: Colinus virginianus

In der freien Wildbahn steht die Virginiawachtel auf der Roten Liste, sie ist streng geschützt. Züchter, die die Vielfältigkeit der Erscheinung lieben, finden in der Virginiwachtel einen besonderen, exklusiven Vogel.

- Verbreitung: Nordamerika
- Lebensraum: Buschland, lichte Wälder
- Größe: 24 bis 27 Zentimeter
- Gewicht: 140 bis 200 Gramm
- Gefieder: braun gesprenkelt
- Farbvariationen: rostbraun, zimtbraun, haselnussbraun
- Ernährung: Beeren, Samen
- Paarungszeit: Januar bis März
- Brutzeit: beginnt zwischen März und Mai
- Gelege: 12 bis 16 Eier

Die Virginiawachteln leben außerhalb der Brutzeit in großen Gruppen. Sobald die Paarung beginnt, sind die Vögel monogam und zeigen eine starke Territorialaggression gegen Artgenossen. Die Brutpflege wird von beiden Geschlechtern übernommen. Während der Hahn die Küken führt, kann sich die Henne bereits um das zweite Gelege kümmern.

Für die Haltung von zwei Vögeln muss eine Voliere mit einer Grundfläche von sechs Quadratmetern zur Verfügung gestellt werden. Das trockene Schutzhaus muss im Winter nicht mit einer Heizung ausgestattet werden. Ein Schutz vor Feuchtigkeit und Zugluft ist wichtig. Die Nester, die mit Zweigen und Gras ausgestattet werden, befinden sich am Boden. Pro Jahr kann eine Henne bis zu 100 Eier legen.

### 2.2.2.3 Montezumawachtel

Die Montezumawachtel ist die teuerste Wachtel in der Hobbyzucht. Die ruhigen Vögel werden schnell zahm. Schreckflüge finden nur sehr selten statt. Da auch andere Tiere von den Vögeln gut toleriert werden, können die Wachteln im Wohnbereich gehalten werden.

- Verbreitung: Mexiko, Texas, Arizona
- Größe: 21 bis 23 Zentimeter
- Gewicht: 209 Gramm
- Gefieder: Henne: hellbraun. Hahn: rotbraun, schwarze Punkte auf den Federn. Am Kopf befindet sich eine schwarz-weiße Zeichnung. Die gelben Prachtschopffedern liegen in Richtung des Rückens.
- Ernährung: Knollen, Zwiebeln, Samen, Insekten
- Fortpflanzungszeit: Ende März
- Gelege: 11 bis 28 Eier
- Brutpflege: durch Hahn und Henne

Für die Montezumawachtel ist ein intensives Sozialverhalten typisch. Die in großen Gruppen lebenden Vögel putzen sich gegenseitig und kuscheln während des Schlafes. Die Federn werden während des Tages immer wieder mit Wasser benetzt. Die Wachteln sind nicht winterhart. Temperaturen unter zehn Grad Celsius werden nicht so gut vertragen. Vor allem kaltes und nasses Wetter stellt für die Vögel ein Problem dar.

Die Montezumawachtel verwertet das Futter besonders gut. Der fleischige Körper neigt zum Verfetten.

#### 2.2.2.4 Straußwachtel

Straußwachteln stammen ursprünglich aus den Tropen. Da die Vögel besonders empfindlich auf Kälte reagieren, benötigen sie eine beheizte, geschützte Voliere. Eine einfache, lokal wirkende Wärmequelle ist nicht ausreichend.

- Verbreitung: Asien
- Lebensraum: Buschland, Bambuswäldchen
- Größe: 25 bis 27 Zentimeter
- Gewicht: 150 bis 190 Gramm
- Gefieder: Hahn: schwarz glänzend mit einem leuchtend roten Schopf. Um die Augen ist eine rote Zeichnung erkennbar. Henne: braun und olivgrün
- Ernährung: Insekten, Samen, Früchte
- Gelege: 5 bis 6 Eier

Im Gegensatz zu anderen Wachtelarten ist es möglich, Straußwachteln in Gruppen zu halten. Die Voraussetzung dafür ist eine ausreichend große Voliere. Die neugierigen Wachteln sind besonders kontaktfreudig und können nach einiger Zeit auch von der Hand gefüttert werden. In dem Futter müssen genügend tierisches Eiweiß und Mineralstoffe enthalten sein. Der Bau des Bodennestes erfolgt durch den Hahn und die Henne. Durch ein Kuppeldach wird die Henne während des Brutvorganges geschützt.

### 2.2.2.5 Madagaskar Perlwachtel

Die Madagaskar Perlwachtel ist einfach zu halten und zu züchten. Ihr Verhalten ist derzeit noch kaum erforscht.

- Verbreitung: Madagaskar
- Lebensraum: Buschland, Grasland
- Größe: 24 bis 28 Zentimeter
- Gewicht: 220 Gramm
- Gefieder: Hahn: dunkelbraun mit schwarzen Flecken, an der Brust rotbraun. Henne: unscheinbar braun

- Ernährung: Samen, Insekten, Pflanzen
- Brutzeit: März bis Juni
- Gelege: bis zu 15 Eier

Die Hennen verhalten sich eher ruhig. Bei Hähnen ist eine starke Aggression gegenüber Artgenossen erkennbar.

#### 2.2.2.6 Dschungelwachtel

Die Dschungelwachtel ist eine Variante der Frankolinwachtel. Sie besitzt, anders als andere Wachtelarten, einen Schnabel, der kurz und hoch ist. An den Läufen befinden sich Sporenhöcker.

- Verbreitung: Indien
- Lebensraum: Steppe, Halbwüste
- Größe: 17 bis 20 Zentimeter
- Gewicht: 57 bis 82 Gramm
- Gefieder: braun und grau-weiß gesprenkelt

### 2.2.2.7 Gambelwachtel

Die Gambelwachtel wird in Deutschland eher selten gehalten, da die Anschaffungskosten hoch sind. Außerdem ist diese Wachtelart nicht einfach zu halten, da sie große Anforderungen an ihre Umwelt stellt.

- Verbreitung: USA
- Lebensraum: Wüste, Buschland
- Größe: 23 bis 27 Zentimeter
- Gewicht: 208 Gramm
- Gefieder: Hahn: grau-weiß mit brauner Schuppenzeichnung am Bauch. Am Kopf befindet sich ein nach vorne gerichteter, dunkler Federschopf. Henne: tarnfarben, grau-braun
- Ernährung: Samen, Getreide, Grünpflanzen
- Brutzeit: April bis August
- gelege: bis zu 16 Eier

Außerhalb der Brutzeit leben die Gambelwachteln in Gruppen von bis zu zehn Vögeln. Während der Brutzeit sind die Wachteln monogam und zeigen eine deutliche Territorialaggression. Die Brutpflege wird von dem Hahn und der Henne gleichermaßen übernommen.

Gambelwachteln benötigen viel Platz. Für ein Vogelpaar muss eine Grundfläche von sechs Quadratmetern vorhanden sein. In der Nacht suchen die Wachteln höher gelegene Sitzstangen und Schlafplätze auf. Vor allem im Winter benötigen die Gambelwachteln einen wetterfesten, geheizten Raum. Die Voliere muss außerdem gut gegen Feuchtigkeit geschützt sein.

### 2.2.2.8 Regenwachtel

Die Regenwachtel ähnelt in ihrem äußeren der europäischen Wachtel. Als Zugvogel sucht sie im Winter wärmere, südliche Länder auf. Da der Anschaffungspreis für die Wachteln sehr hoch ist, werden die Vögel nur selten von Hobbyzüchtern gehalten.

- Verbreitung: Indien, Sri Lanka
- Lebensraum: Buschland, Grasland, Ackerflächen
- Größe: 17 Zentimeter

- Gewicht: 64 bis 85 Gramm
- Gefieder: braun gesprenkelt, schwarze Zeichnung an der Kehle
- Gelege: bis sechs Eier
- Ernährung: Blüten, Samen

Die Regenwachtel gleicht der chinesischen Zwergwachtel nur äußerlich. Ihr Charakter ist völlig anders angelegt. Die Hähne sind sehr aggressiv. Die Regenwachteln suchen auch keinen Körperkontakt mit Artgenossen. Sie leben in Sichtkontakt, halten aber genügend Abstand. Auf tropfendes Wasser reagieren die Vögel mit lauten Rufen.

### 2.2.3 Legewachteln

Legewachteln werden für die Gewinnung von Wachteleiern genutzt. Die meisten Legewachteln stammen von der japanischen Legewachtel ab, die in verschiedenen Farbschlägen auftritt. Die japanischen Legewachteln benötigen nur wenig Platz und sich auch nicht besonders anspruchsvoll bezüglich der Haltung und des Futters. Sie können einfach von Anfängern gehalten werden.

## Die japanische Legewachtel

Die ursprünglich in Japan beheimatete japanische Legewachtel ist heute auf allen Kontinenten verbreitet. Durch die verschiedenen Farbschläge, die derzeit auch für Ausstellungen zugelassen sind, wird diese Wachtelart auch bei Hobbyzüchtern immer beliebter.

- Verbreitung: Japan
- Größe: bis 20 Zentimeter
- Gewicht: 110 bis 260 Gramm
- Legeleistung: 300 Eier pro Jahr

Bei den japanischen Legewachteln werden pro Farbschlag drei Zuchtlinien unterschieden:

- leichte Zuchtlinie
- mittlere Zuchtlinie
- schwere Zuchtlinie

Die Wachteln der leichten Zuchtlinie zeigen eine gute Legeleistung. Sie wiegen zwischen 100 und 150 Gramm. Die Wachteln der mittleren Zuchtlinie sind zwischen 160 und 250 Gramm schwer und zeigen eine sehr gute Legeleistung. Die Legeleistung der schweren Zuchtlinie ist gut. Die Vögel erreichen ein Gewicht zwischen 300 und 500 Gramm.

Wodurch wird die Legeleistung beeinflusst?

- Haltungsbedingungen
- Ernährung
- Alter der Vögel

Damit die japanischen Legewachteln Eier legen, benötigen Sie eine natürliche Umgebung, in der sie alle Bedürfnisse ausleben können. Eine zusätzliche Lichtquelle sorgt in den kalten Wintermonaten für eine gute Legeleistung. Damit die Eier eine stabile Schale entwickeln, müssen die Vögel mit genügend Mineralstoffen und Spurenelementen versorgt werden.

Wachteln, die sich in ihrer Voliere wohl fühlen, beginnen schon ab der achten Lebenswoche Eier zu legen. Durch Stress setzt die Legetätigkeit erst später ein. Ab einem Alter von zwölf Monaten beginnt die Legeleistung langsam nachzulassen. Die Bestände in der Voliere sollten daher immer altersmäßig gut gemischt sein, damit immer genügend Eier zur Verfügung stehen.

### 2.2.4 Wilde Wachteln

Alle von Züchtern gehaltenen Wachtelarten stammen ursprünglich von wilden Wachteln ab.

Durch Bejagung werden die Bestände der wilden Wachteln immer mehr verringert. Daher besteht in Deutschland für die Wachtel eine ganzjährige Schonzeit.

Die folgenden Wachtelarten werden normalerweise nicht in Volieren gehalten:

- Europäische Wachtel
- Harlekinwachtel
- Haubenwachtel
- Berghaubenwachtel
- Frankolinwachtel
- Capueirawaldwachtel

### 2.2.4.1 Die europäische Wachtel

Der Zugvogel ist in Europa, Asien und Teilen Afrikas zu Hause. Die scheuen Vögel verstecken sich auf Brachflächen, in Wiesen und Getreidefeldern. Sie erreichen eine Größe von bis zu 17 Zentimetern und ein Gewicht von bis zu 128 Gramm. Die durchschnittliche Lebenserwartung liegt in der freien Natur bei drei Jahren.

Das Gefieder der Hähne ist orange-braun mit einem weißen Halsband und einem großen, schwarzen Kehlfleck. Die Hennen sind sandbraun.

### 2.2.4.2 Die Harlekinwachtel

Die in Afrika und dem Süden Arabiens vorkommende Harlekinwachtel lebt vor allem in Graslandschaften und Gebieten mit offener Vegetation. Die Brutzeit der Vögel richtet sich nach der Regenzeit. Harlekinwachteln erreichen eine Größe von 16 bis 19 Zentimetern und ein Gewicht von ungefähr 80 Gramm. Die Hähne sind vor allem im Bereich des Kopfes schwarz-weiß gezeichnet. Die Hennen besitzen eine unscheinbare braune Färbung des Gefieders.

#### 2.2.4.3 Die Haubenwachtel

Die Haubenwachtel stammt aus Südamerika. Es existieren, abhängig von dem geografischen Vorkommen, 13 verschiedene Unterarten.

#### 2.2.4.4 Die Berghaubenwachtel

Die Berghaubenwachtel erreicht in ausgewachsenem Zustand eine Größe von 28 Zentimetern. Sie zählt zu den größten frei in der Natur lebenden Wachteln. Das Verbreitungsgebiet erstreckt sich über Teile der USA und Mexiko. Bei der Berghaubenwachtel führen der Hahn und die Henne die Küken gemeinsam.

#### 2.2.4.5 Die Frankolinwachtel

Die bis zu 18 Zentimeter große Frankolinwachtel lebt vor allem in Indien in Steppen und Halbwüsten. Besondere Kennzeichen dieser Wachtelart sind der kurze und hohe Schnabel und ein struppeliges Gefieder im Bereich des Kopfes. Die Frankolinwachtel wird in vier Varianten unterteilt:

- Dschungelwachtel
- Madraswachtel

- Buntwachtel
- Manipurwachtel

#### 2.2.4.6 Die Capueirawaldwachtel

Die 28 Zentimeter großen Wachteln leben in Südamerika. Die Vögel besitzen ein graues Gefieder am Bauch und braun gesprenkelte Vögel. Die Wachteln leben in Gruppen von bis zu 15 Vögeln. Innerhalb eines Reviers wird keine fremde Gruppe geduldet. Während der Brutzeit sondern sich Paare zur Aufzucht der Küken ab.

## 2.3 Farbschläge von Wachteln

Anders als bei den früher wildlebenden Wachteln, die vor allem ein braun oder gold gesprenkeltes Gefieder besitzen, sind bei den heutigen Wachteln viele Farbschläge möglich. Die Variationen blau, silber, rot, weiß gescheckt oder gelb sind das Ergebnis aus einer Kombination von Zuchtauswahl und spontanen, natürlichen Mutationen. Zweimal pro Jahr findet eine Mauser (Austausch der Federn) statt. Einige Farbschläge entwickeln die endgültige Farbe erst nach der ersten Mauser.

Das sind die wichtigsten Farbschläge:

- Wildfarben
- Goldsprenkel
- Zimt
- Gold
- Sparkley
- Gelb
- Perl Fee
- Falb Fee
- Silber
- Rotkopf
- Tuxedo
- Tenebrosus
- Tenebrosus Schecke
- Blau
- Weiß
- Kupfer
- Rückenschecke

- Sandschecke

### 2.3.1 Wildfarbene Wachteln

Der Farbschlag Wildfarben ist unter den Wachteln am häufigsten vertreten. Das Gefieder ähnelt der ursprünglich wild lebenden Wachteln. Hahn und Henne können deutlich anhand des Gefieders unterschieden werden. Der Hahn besitzt eine orangene Brust und braunes Gefieder am Kopf. Die Henne ist unscheinbar tarnfarben, das Gesicht ist hell, die Brust gepunktet.

### 2.3.2 Goldsprenkel

Auch der Farbschlag Goldsprenkel, der zu den ältesten in der Zucht möglichen Farbschlägen gehört, ist heute weit verbreitet. Der Hahn hat auf dem Kopf dunkle, braune Federn, die Brust ist hell gefiedert. Bei der Henne sind auf der Brust deutliche Punkte erkennbar.

### 2.3.3 Zimt

Der Farbschlag Zimt gehört zu den wildfarbenen Farbschlägen. Die Brustfedern des Hahns sind dunkelorange gefärbt. Bei der Henne ist die Brust gepunktet. Die Küken besitzen rote Augen, die mit zunehmendem Lebensalter nachdunklen. Unter normalen Rotlicht-Wärmelampen sind die Küken blind. Daher müssen bei der Aufzucht Wärmeplatten oder Dunkelstrahler eingesetzt werden. Damit die Küken besser in der Lage sind, das Futter zu sehen, wird es mit dunklem Blaumohn versetzt. Zimter besitzen einen ausgeglichenen Charakter und sind gut mit Artgenossen verträglich.

### 2.3.4 Gold

Goldfarbene Wachteln ähneln den gold gesprenkelten Vögeln. Die Federn sind allerdings heller. Punkte sind in dem Gefieder nicht vorhanden.

### 2.3.5 Sparkley

Auch Sparkley Wachteln weisen Ähnlichkeiten zu den gold gesprenkelten Vögeln auf. Die Zeichnung der Federn ist deutlicher zu erkennen.

### 2.3.6 Gelb

Gelbe Wachteln besitzen helle Federn, auf denen ein deutlicher gelber Schimmer zu erkennen ist. Das Federkleid von Hahn und Henne unterscheidet sich nicht. Eine Geschlechtsdifferenzierung kann nur durch einen Kloakentest getroffen werden.

### 2.3.7 Perl Fee

Feen Wachteln werden auch als Schneewachteln bezeichnet. Entstanden ist der Farbschlag Perlfee durch eine Kreuzung von gold gesprenkelten Wachteln mit wildfarbenen Wachteln. Da wenig Melanin gebildet wird, treten braune Töne im Gefieder nicht auf. Der Farbschlag wird immer dominant vererbt. Der Hahn besitzt einen dünkleren Kopf und kann dadurch bereits einige Tage nach dem Schlüpfen von der Henne unterschieden werden.

### 2.3.8 Falb Fee

Falb Feen entsprechen in ihrer Grundmusterung dem wildfarbenen Farbschlag. Die hellen Brustfedern sind bei der Henne gepunktet.

### 2.3.9 Silber

Wachteln mit silbernen Federn können nur schwierig gezüchtet werden und sind daher selten. Die Federn sind hell und besitzen eine kühle, silberne Farbe. Unterschiede zwischen Hahn und Henne sind nicht vorhanden.

### 2.3.10 Rotkopf

Rotkopf Wachteln werden auch als Sperber bezeichnet. Der Hahn besitzt am Kopf rote Federn. Die Brustfedern sind einfarbig hell. Die Henne hat einen hellen Kopf ohne rote Federn. Die Brust ist gesprenkelt.

### 2.3.11 Tuxedo

Die Wachteln sind dunkelbraun, die Brust ist hell und weiß. Unterschiede zwischen Hahn und Henne sind nicht vorhanden.

### 2.3.12 Tenebrosus

Tenebrosus ist ein besonders dunkler Farbschlag. Die braunen oder schwarzen Federn sind dezent gezeichnet und glänzen im Sonnenlicht. Es gibt keine Unterschiede zwischen Hahn und Henne.

### 2.3.13 Tenebrosus Schecke

Die Federn am Rücken und an den Flügeln sind dunkelbraun bis schwarz mit einer leichten Musterung. Die Bauchfedern sind weiß. Bei den Tenebrosus Schecken können die dunklen Federn auch unterschiedliche Brauntöne zeigen. Hahn und Henne sind äußerlich nicht zu unterscheiden.

## 2.3.14 Blau

Der blaue Farbschlag ist sehr selten. Die Küken zeigen oft noch eine deutliche Blaufärbung der Federn. Nach der ersten Mauser kann sich der Blauton abschwächen und in eine bräunliche Farbe übergehen. Mit zunehmendem Lebensalter wird das Gefieder häufig sandfarben. Der blaue Farbton kann auch in Form einer Scheckung auftreten. Die Vererbung erfolgt durch zwei mutierte Gene. Blaue Wachteln sind besonders verträglich und können auch mit anders gefärbten Wachteln problemlos gemeinsam gehalten werden.

## 2.3.14 Weiß

Weiße oder weiß gescheckte Wachteln kommen besonders häufig vor. Jede Scheckung zeigt ein individuelles Muster, durch das einzelne Vögel gut unterschieden werden können. Zwischen dem Hahn und der Henne bestehen keine Unterschiede. Da die Wachteln sich durch ihre Färbung stark von den anderen Wachteln unterscheiden, kann bei der Haltung häufig Farb-Mobbing auftreten. Die weißen Wachteln sind dabei gleichermaßen Täter wie Opfer. Große Volieren und

Versteckmöglichkeiten helfen, Mobbing unter den Wachteln zu vermeiden.

Der Charakter der weißen Wachteln ist neugierig und frech. Sie sorgen immer für eine gute Stimmung in der Voliere.

## 2.3.15 Kupfer

Rotschecken und kupferfarbene Wachteln sind vor allem in Amerika beliebt. Die Wachteln werden kaum zahm und reagieren nervös auf jede Annäherung. Das Stressverhalten wird direkt an die Nachkommen weitergegeben (epigenetische Vererbung). Der Stress wird über Hormone, die im Eidotter enthalten sind, an die Küken weitergegeben. Hahn und Henne besitzen keine äußeren Unterschiede.

## 2.4 Herkunft

Schon in der Steinzeit gehörten Wachteleier zum Speiseplan der damals lebenden Menschen. Die Ägypter bejagten die Wachteln mit aufgespannten Schilfnetzen, in denen sich die von dem Vogelzug erschöpften Vögel in Bodennähe leicht verfangen konnten. Im Vergleich zu anderen Nutztieren wurde die Wachtel aber erst vor einer relativ kurzen Zeitspanne domestiziert. Im Ägypten wurden Wachteln nicht nur als Ziervögel gehalten, sondern auch gezüchtet, um die Arbeiter mit hochwertigem Eiweiß zu versorgen. Den in großen Wachtelfarmen gehaltenen Vögeln wurde sogar eine eigene Hyroglyphe zugeteilt. Am Hof der Pharaonen galten Wachtelfleisch und Wachteleier als Delikatesse.

Aber Wachteln waren nicht nur im ägyptischen Reich sehr beliebt. Im fernen Osten wurden Wachteln bereits 700 vor Christus als Heimtiere gehalten. Über die Zucht der chinesischen Zwergwachtel, die der Vorfahre der heutigen Wachtel ist, existieren 4000 Jahre alte Aufzeichnungen. Vor 3000 Jahren wurde die Heilwirkung von Wachteleiern durch Li-Shi Chen, einem chinesischen Gelehrten, beschrieben. Seine damaligen Erkenntnisse konnten in der heutigen Zeit von Wissenschaftlern bestätigt werden.

Die Römer und Griechen schätzten Wachtelfleisch und Wachteleier. Mit den römischen Soldaten und Händlern verbreiteten sich die Vögel in ganz Europa. Besonders im Mittelalter war der Genuss von Wachteleiern weit verbreitet. Die heutige Bezeichnung „Wachtel“ stammt von dem althochdeutschen Wort „wahtala“ ab, das den Ruf der Vögel nachahmen soll.

Hildegard von Bingen setzte Wachteleier in ihren Rezepten dazu ein, den Organismus und die Abwehrkräfte gegen Krankheiten zu stärken. Da durch die Bejagung der Bestand der wilden Wachteln immer mehr dezimiert wurde, befassten sich die Menschen in Europa immer mehr mit der Zucht der Vögel. Heute wird für die Gewinnung von Wachteleiern vor allem die japanische Legewachtel gehalten. Auch in der Wissenschaft finden die Wachteln ihren Platz. Da sich die Vögel schnell vermehren, werden Sie dazu genutzt, um Studien über die Haltung von Nutzvögeln auf Bauernhöfen durchzuführen.

## 2.5 Natürlicher Lebensraum

Obwohl die meisten Wachtelarten als Zugvögel gut fliegen können, leben die Vögel normalerweise auf dem Boden. Die Wachteln bevorzugen Lebensräume, in denen sie ausreichend Versteckmöglichkeiten und Deckung finden. Auf feuchten, grünen Bereichen mit Hecken oder hohem Gras sind die Wachteln häufig zu finden. Als Brutbiotope werden brachliegende Ackerflächen, Luzerne- und Kleefelder, Getreidefelder und Wildäcker mit Ackerrandstreifen genutzt. Einige Wachtelarten sind in Salzsümpfen, Buschland, Steppen und Halbwüsten beheimatet. Die Wachteln besiedeln aber auch Höhenlagen bis 3.000 Meter. Hier halten sich die Vögel vor allem im Wald oder auf Wiesenflächen auf.

Obwohl sich die Wachtel den von den Menschen bearbeiteten Landschaften gut angepasst hat, leidet der Bestand durch die immer weiter fortschreitende Versiegelung des Bodens und die Ausdehnung der Städte und Siedlungen. Die Zahl der Wildbestände geht trotz des ganzjährigen Schutzes vor Bejagung kontinuierlich zurück. In Südeuropa ist die Anzahl der Wachteln noch etwas höher als in den nördlich gelegenen europäischen Ländern.

## 2.6 Verhalten

Wachteln sind in der Lage zu fliegen, verbringen aber die meiste Zeit ihres Lebens auf dem Boden. Normalerweise leben die Vögel in Gruppen zusammen. Während der Brutzeit sondern sich Paare ab und verteidigen das Brutrevier gegen andere Artgenossen.

Die meisten Wachtelarten werden nicht zahm. Die Annäherung der Menschen erzeugt Stress. Die Vögel fliegen in der Voliere auf und suchen Schutz zwischen den Baumästen. Dieses Verhalten wird durch den Lichteinfall, die Kleidung des Menschen und seine Bewegungen wesentlich beeinflusst.

Innerhalb einer Wachtelgruppe kann beobachtet werden, dass das Verhalten der Vögel nach bestimmten Regeln erfolgt. Einzelne Vögel können aber auch in ausgewogenen Gruppen immer wieder durch ihre Aggressivität auffallen. Diese Tiere sollten von der restlichen Gruppe abgesondert werden.

## Wie wollte eine Gruppe von Wachteln strukturiert sein?

In einer Gruppe von Wachteln muss nicht immer ein Hahn integriert sein. Soll keine Zucht erfolgen, kann die Gruppe auch ausschließlich aus weiblichen Tieren zusammengesetzt sein. Befindet sich ein Hahn in der Gruppe, kann dieser bei Streitigkeiten der Hennen schlichtend eingreifen. Bei einigen Wachtelarten ist es auch möglich, zwei oder mehr Hähne mit einer größeren Gruppe Hennen außerhalb der Brutzeit zu halten. Ist ein Hahn in einer Gruppe vorhanden, sollte die Voliere immer größer sein. Zusätzliche Rückzugsmöglichkeiten schützen die Hennen vor der ständigen Belästigung durch den Hahn.

Aber auch in Gruppen, die ausschließlich aus Hennen bestehen, kann es immer wieder zu Streitigkeiten kommen. Eine dominante Henne fühlt sich als Führerin und beginnt, schwächere Vögel zu mobben. Häufig tritt auch Farb-Mobbing auf. Daher sollten die Gruppen nicht aus zu vielen Farbschlägen zusammengesetzt sein. Vor allem weiße Wachteln oder Schneewachteln können mit diesem Problem häufig konfrontiert sein. Eine homogene Zusammensetzung der

Wachtel-Gruppe fördert den Frieden im Stall.

**Was sind Anzeichen für einen Streit unter den Wachteln?**

Bei Betreten des Stalls sind Geräusche von schnell herumlaufenden Vögeln zu hören. Die Flügel schlagen, die Schnäbel reiben am Maschendraht. Teilweise sind Vögel mit Verletzungen im Kopfbereich und der Augen erkennbar. Die Verletzungen durch die Schnabelhiebe können so stark sein, dass der Schädelknochen sichtbar ist.

Ein weiteres Zeichen ist, dass ein Teil der Wachteln in den Legenestern oder an anderen geschützten Stellen Schutz sucht. Sobald diese Wachteln händisch wieder auf den Boden gesetzt werden, versuchen sie, sofort wieder einen Schutzraum zu erreichen. Wachteln, die aggressiv auf die Artgenossen reagieren, halten sich vor allem am Boden und gut sichtbar im Zentrum des Stalls auf.

Meistens geht der Streit nur von einer Wachtel aus, die die anderen Vögel sofort attackiert, wenn diese das Versteck verlassen.

Damit sich die attackierten und verletzten Tiere erholen können, sollten sie für zwei Wochen von den anderen Vögeln der Gruppe getrennt werden. Vor dem Wiedereinsetzen dieser Tiere muss der Stall mit zusätzlichen Versteckmöglichkeiten und Hindernissen ausgestattet werden, damit sich langsam wieder ein neues Gruppengefühl aufbauen kann. In den ersten Stunden nach dem Wiedereinsetzen muss die Wachtelgruppe beobachtet werden, damit keine neuerlichen schweren Attacken stattfinden.

**Wodurch wird ein Streit innerhalb einer Wachtelgruppe ausgelöst?**

Nicht immer können die Ursachen für einen Streit lückenlos geklärt werden. Gefördert werden Streitigkeiten durch eine zu starke Durchmischung der Farbschläge, Langeweile durch fehlende Beschäftigungsmöglichkeiten, starken Lichteinfall in die Voliere und kleine Gruppengrößen. In eine Gruppe, die nur aus sechs Vögeln besteht, kommt es häufiger zu Streitigkeiten als in Gruppen, die aus mehr als zehn Wachteln bestehen.

## Wie verhalten sich Wachteln gegenüber Menschen?

Die meisten Wachteln werden nicht zahm. Ein Sonderfall sind die Montezumawachteln. Diese leben in Gruppen und suchen engen Kontakt zu den anderen Gruppenmitgliedern. Die Wachteln schmiegen sich sogar im Schlaf aneinander und putzen sich gegenseitig das Gefieder. Auch Menschen werden von den Montezumawachteln gut akzeptiert. Die Vögel reagieren auf die Annäherung nicht gestresst. Sie können im Wohnbereich gehalten und von Hand gefüttert werden.

## 2.7 Gesundheitsvorsorge

Damit die Wachteln gesund bleiben, sollten die Haltungsbedingungen immer optimiert werden. Ein sauberer Stall und ausreichende Beschäftigungsmöglichkeiten sind für eine gesunde Wachtelhaltung Voraussetzung.

**Eine gute Stallhygiene verhindert Ausfälle durch Krankheiten**

Wie häufig der Stall gereinigt werden muss, ist von der Besatzdichte und der verwendeten Einstreu abhängig. Eine regelmäßige Grundreinigung und Desinfektion verhindern die Vermehrung von Krankheitserregern. Zusätzlich sollte der Stall alle drei Monate gekalkt werden. Bis der Kalk getrocknet ist, müssen die Vögel in einen anderen Stall gesetzt werden, damit der Kalk nicht die Haut der Ständer angreifen kann. Um die empfindlichen Füße zu schützen, muss für eine dichte Lage Einstreu gesorgt werden.

Beim Betreten des Stalls sind einige Hygieneregeln zu beachten. Um keine Parasiten oder Krankheitserreger einzuschleppen, müssen Überziehschuhe oder eigene Stallschuhe getragen werden. Ein Einmal-Mantel schützt die Vögel vor der Übertragung von Bakterien durch die Kleidung. Vor jedem Kontakt mit den Wachteln sollten die Hände gründlich gereinigt und desinfiziert werden.

Werden andere Tiere, wie Hühner oder Tauben, auf dem Hof gehalten, sollte ein direkter Kontakt unbedingt vermieden werden. Hühner sind Wirte für Parasiten, Bakterien, Viren und andere Krankheitskeime. Da Wachteln viel empfindlicher reagieren als die Hühner, können auch gesunde Hühner schädliche Keime auf die Wachteln übertragen.

**Ein tiergerechtes Futter stärkt das Immunsystem der Wachteln**

Das Futter sollte möglichst natürlich sein und alle Bedürfnisse der Vögel optimal abdecken. Besonders der Proteingehalt ist für die Legeleistung und die Qualität der Wachteleier ausschlaggebend. Kühle, trockene und dunkle Lagerung des Futters verhindert, dass sich in diesem Schädlinge oder Pilze vermehren können.

Besonders wichtig ist eine regelmäßige Reinigung und Desinfektion der Futterschüsseln. Diese müssen so aufgestellt werden, dass der Inhalt nicht durch Kot und Einstreu verschmutzt werden kann. Durch eine regelmäßige Reinigung wird das Wachstum von Algen und Bakterien verhindert.

**Sauberes Trinkwasser ist eine Grundvoraussetzung für eine erfolgreiche Haltung von Wachteln**

Wassergefäße müssen regelmäßig gereinigt und desinfiziert werden, damit mit dem Wasser nicht schädliche Bakterien oder Pilze auf die Wachteln übertragen werden. Die Schüsseln sollten immer vor Verunreinigungen geschützt sein. Vor allem Automatiktränken müssen immer wieder desinfiziert werden. Bei der Verwendung normaler Wasserschüsseln sollte das Wasser dreimal täglich gewechselt werden.

Damit die Wachteln nicht durch das Trinkwasser laufen können, sollten geeignete Absperrungen errichtet werden. Laufen die Vögel durch die Tränken, gelangen über die Füße Einstreu und Bakterien in das Wasser. Die Verschmutzungen verstärken das Wachstum von schädlichen Bakterien.

Für die Befüllung der Wasserschüsseln muss immer Trinkwasser verwendet werden. Regenwasser ist mit Verschmutzungen aus der Luft stark belastet. Die Aufnahme von Regenwasser kann bei den Wachteln Krankheiten verursachen.

### Eine artgerechte Haltung hilft, Stress zu vermeiden

Stress ist ein wichtiger Krankheitsfaktor. Durch lange andauernden Stress wird das Immunsystem geschädigt. Die Wachteln sind anfälliger für Krankheiten. Stress kann sowohl durch Menschen als auch durch andere Wachteln verursacht werden. Die Vögel sind besonders schreckhaft. Daher leben sie die meiste Zeit in ihren Verstecken.

### Wie kann Stress vermieden werden?

Die Besatzgröße muss an die Stallgröße angepasst sein. Innerhalb einer Gruppe sollte nicht eine bunte Mischung von Farbschlägen angestrebt werden, da dadurch Farb-Mobbing auftreten kann. Auch in der Nacht sollte der Stall nicht vollständig im Dunkeln liegen. Künstliche Beleuchtungskörper sollten in der Nacht gedimmt, aber nicht vollständig abgeschaltet werden. Damit sich die Wachteln gut in Deckung begeben können, müssen im Stall ausreichend Versteckmöglichkeiten vorhanden sein. Höher gelegene Plattformen und Baumäste bilden zusätzliche Rückzugsmöglichkeiten. Beim Betreten des Stalls darf kein Lärm verursacht werden. Eine leise Lautkulisse, die immer gleich bleibt, erleichtert den Vögeln die Gewöhnung an die Anwesenheit von Menschen. Muss eine Wachtel aus der Gruppe entnommen werden, darf der Griff nicht direkt von oben erfolgen.

Erkrankte Tiere müssen möglichst schnell aus der Gruppe entfernt werden.

Damit sich eine Krankheit nicht im Stall ausbreitet, sollten kranke Tiere immer aus der Gruppe entnommen und isoliert werden.

## Wie verhält sich eine kranke Wachtel?

Die Wachtel sondert sich von der Gruppe ab. Sie beteiligt sich nicht mehr an den sozialen Unternehmungen der anderen Vögel. Das Gefieder ist aufgeplustert. Wasser und Nahrung werden verweigert. Die Augen sind trüb. Aus den Augen, den Nasenöffnungen und dem Schnabel ist Ausfluss erkennbar. Die Schnabelfarbe ist weiß, teilweise blau. Durchfallkot wird abgesondert. Eventuell sind äußere Verletzungen und blutverkrustete Federn erkennbar. Teilweise sind federlose Stellen sichtbar. Der Bewegungsablauf ist gestört. Kranke Wachteln zeigen keine entspannte Haltung, sondern kauern sich in abnormen Körperhaltungen zusammen.

Erkrankte Tiere müssen möglichst schnell aus der Gruppe entfernt werden.

Damit sich eine Krankheit nicht im Stall ausbreitet, sollten kranke Tiere immer aus der Gruppe entnommen und isoliert werden.

## Wie verhält sich eine kranke Wachtel?

Die Wachtel sondert sich von der Gruppe ab. Sie beteiligt sich nicht mehr an den sozialen Unternehmungen der anderen Vögel. Das Gefieder ist aufgeplustert. Wasser und Nahrung werden verweigert. Die Augen sind trüb. Aus den Augen, den Nasenöffnungen und dem Schnabel ist Ausfluss erkennbar. Die Schnabelfarbe ist weiß, teilweise blau. Durchfallkot wird abgesondert. Eventuell sind äußere Verletzungen und blutvekrustete Federn erkennbar. Teilweise sind federlose Stellen sichtbar. Der Bewegungsablauf ist gestört. Kranke Wachteln zeigen keine entspannte Haltung, sondern kauern sich in abnormen Körperhaltungen zusammen.

Eine regelmäßige Gesundheitsvorsorge verhindert schwere Erkrankungen.

In das Trinkwasser werden Mineralstoffe, Spurenelemente und Vitamine gemischt, um das Immunsystem zu stärken und Probleme beim Legen der Eier zu vermeiden. Durch die schnelle Isolation von kranken Vögeln wird das Ansteckungsrisiko verringert. Leichte Krankheitssymptome können häufig mit Hausmitteln behandelt werden. Bei schweren Krankheiten sollte ein Tierarzt konsultiert werden.

## 2.8 Krankheiten

Wachteln reagieren auf Erkrankungen wesentlich empfindlicher als Hühner und andere Vögel. Daher ist es wichtig, die Krankheit schnell zu erkennen, eine Behandlung in die Wege zu leiten und die weitere Ausbreitung in der Gruppe zu verhindern.

### 2.8.1 Schnupfenerkrankungen

Ein normaler Schnupfen tritt vor allem bei einem Wechsel von der warmen zur kalten Jahreszeit auf. Zugluft in dem Stall schwächt das Immunsystem der Wachteln und erlaubt es den Viren, sich leichter festzusetzen. Die Rhinoviren dringen über die Nasenöffnungen und die Augen in den Körper der Wachtel ein. Sie vermehren sich direkt an der Eintrittspforte. Die Augen der Wachtel beginnen zu tränen, aus den Nasenöffnungen tritt eine klare Flüssigkeit aus. Siedeln sich zusätzlich Bakterien an, wird der Ausfluss eitrig und gelblich. Die Wachtel niest und schüttelt den

Kopf. Die Futteraufnahme und die Wasseraufnahme sind verringert. Schreitet die Entzündung weiter fort, können sich die Bakterien bis in die Lunge ausbreiten und eine Lungenentzündung verursachen. Die Vögel atmen mit geöffnetem Schnabel und röcheln. Die Legeleistung ist stark verringert, eventuell wird das Legen von Eiern vollständig eingestellt.

Erkrankte Wachteln müssen isoliert und in einen sauberen Stall, in dem keine Zugluft herrscht, gesetzt werden. Wasserschüsseln und Futterschüsseln müssen desinfiziert werden, damit sich die anderen Wachteln nicht anstecken. Durch Mischung von Echinacea Globuli in das Trinkwasser wird die Abwehrkraft der oberen Atemwege gestärkt. Nasenspülungen und Augentropfen lindern die lokalen Entzündungssymptome. Gegen die Sekundärinfektion durch Bakterien können durch den Tierarzt Antibiotika verordnet werden.

Achtung: Während der Behandlung mit Medikamenten müssen die Eier entsorgt werden. Über die notwendige Wartefrist hält der Tierarzt Informationen bereit. Meistens ist es notwendig, die Eier 14 Tage lang zu entsorgen, damit keine mit

Medikamentenrückständen belasteten Eier als Nahrungsmittel verwendet werden.

Vorbeugend kann Apfelessig (ein Teelöffel auf einen Liter Wasser) oder Propolis mit dem Trinkwasser verabreicht werden. Eine Mischung aus fein gehackten Karotten und Zwiebeln, die unter das Futter gemischt wird, steigert die Abwehrkraft des Atmungstraktes.

Zusätzlich zu dem Trinkwasser kann auch Wachteltee angeboten werden. Dieser enthält ausschließlich pflanzliche Inhaltsstoffe wie Salbei, Kamille, Islandmoos, Basilikum, Brennessel, Rosmarin, Ringelblumen, Lavendel, Kornblüten, Rotklee, Rosenblüten und Hibiskusblüten. Ein normaler Schnupfen tritt vor allem bei einem Wechsel von der warmen zur kalten Jahreszeit auf. Zugluft in dem Stall schwächt das Immunsystem der Wachteln und erlaubt es den Viren, sich leichter festzusetzen. Die Rhinoviren dringen über die Nasenöffnungen und die Augen in den Körper der Wachtel ein. Sie vermehren sich direkt an der Eintrittspforte. Die Augen der Wachtel beginnen zu tränen, aus den Nasenöffnungen tritt eine klare Flüssigkeit aus. Siedeln sich zusätzlich Bakterien an, wird der

Ausfluss eitrig und gelblich. Die Wachtel niest und schüttelt den Kopf. Die Futteraufnahme und die Wasseraufnahme sind verringert. Schreitet die Entzündung weiter fort, können sich die Bakterien bis in die Lunge ausbreiten und eine Lungenentzündung verursachen. Die Vögel atmen mit geöffnetem Schnabel und röcheln. Die Legeleistung ist stark verringert, eventuell wird das Legen von Eiern vollständig eingestellt.

Erkrankte Wachteln müssen isoliert und in einen sauberen Stall, in dem keine Zugluft herrscht, gesetzt werden. Wasserschüsseln und Futterschüsseln müssen desinfiziert werden, damit sich die anderen Wachteln nicht anstecken. Durch Mischung von Echinacea Globuli in das Trinkwasser wird die Abwehrkraft der oberen Atemwege gestärkt. Nasenspülungen und Augentropfen lindern die lokalen Entzündungssymptome. Gegen die Sekundärinfektion durch Bakterien können durch den Tierarzt Antibiotika verordnet werden.

Achtung: Während der Behandlung mit Medikamenten müssen die Eier entsorgt werden. Über die notwendige Wartefrist hält der Tierarzt Informationen bereit. Meistens ist es notwendig, die

Eier 14 Tage lang zu entsorgen, damit keine mit Medikamentenrückständen belasteten Eier als Nahrungsmittel verwendet werden.

Vorbeugend kann Apfelessig (ein Teelöffel auf einen Liter Wasser) oder Propolis mit dem Trinkwasser verabreicht werden. Eine Mischung aus fein gehackten Karotten und Zwiebeln, die unter das Futter gemischt wird, steigert die Abwehrkraft des Atmungstraktes.

Zusätzlich zu dem Trinkwasser kann Wachteltee angeboten werden. Dieser enthält ausschließlich pflanzliche Inhaltsstoffe, wie Salbei, Islandmoos, Kamille, Basilikum, Rosmarin, Brennessel, Ringelblume, Lavendel, Kornblumen, Rotklee, Rosenblüten und Hibiskusblüten (https://www.wachtel-shop.com/Naturheilkunde-und-Homoeopathie-bei-Wachteln).

### 2.8.2 Rote Vogelmilbe

Die rote Vogelmilbe, Dermanyssus gallinae, ist ein blutsaugender Parasit, der seine Eier in dem Nest oder der Einstreu ablegt. Die Milben befinden sich nur während ihrer Blutmahlzeit auf dem Körper der Wachteln. Sie befallen die Vögel in der Nacht und halten sich untertags verborgen im Stall auf. Während die Milben Blut saugen, lösen sie Juckreiz aus und verursachen Entzündungen der Haut. Die befallenen Wachteln sind irritiert und gestresst. Die Haut ist geschwollen, schuppig und gerötet. Mit der Zeit lösen sich die Krusten und einzelne Hautfetzen ab. Das Immunsystem der Wachteln wird geschädigt. Zusätzlich können die Milben verschieden Krankheitserreger übertragen.

Die Legeleistung ist stark verringert.

Für die Behandlung muss der Stall gründlich gereinigt und desinfiziert werden. Die Unterseite der Sitzstangen wird mit pflanzlichem Öl bestrichen. Durch Anbringen von Klebebändern werden die Milben daran gehindert, sich in den Nestern der Wachteln aufzuhalten. Eine Behandlung mit Akariziden sollte durch einen Tierarzt erfolgen.

Vorbeugend kann regelmäßig ein Milbenspray auf die Sitzstangen aufgebracht werden.

## 2.8.3 Nordische Vogelmilbe

Die nordische Vogelmilbe, Ornithonyssus sylviarum, hält sich ständig zwischen den Federkeilen der Wachteln auf. Liegt ein starker Befall vor, sind die Milben auch auf den Eiern und in der Umgebung der Kloake zu erkennen.

Während des Blutsaugens verursachen die nordischen Vogelmilben starken Juckreiz. Durch den ständigen Blutverlust wird die Wachtel anämisch (blutarm). Das Immunsystem ist geschwächt. Am Kopf der Wachteln sind blutige Krusten sichtbar. Das Gefieder ist gesträubt. Die Legeleistung ist stark verringert.

Über den Saugakt kann die nordische Vogelmilbe andere Krankheitserreger auf die Wachteln übertragen.

Für die Behandlung muss der Stall gereinigt und desinfiziert werden. Die Wachteln werden durch den Tierarzt mit einem Akarizid behandelt. Vorbeugend kann Kieselgur auf die Federn aufgetragen werden. Die Substanz darf nicht in die Augen oder den Schnabel der Wachteln gelangen.

## 2.8.4 Läuse

Die Läuse bei Wachteln werden auch als Federlinge bezeichnet. Die Ektoparasiten halten sich vor allem an der Unterseite der Federn auf, da sie für ihr Überleben Wärme benötigen. Ohne Wirt können die Läuse nur kurz überleben. Die Parasiten ernähren sich von Hautschuppen und dem Keratin der Federn. Blut wird kaum gesaugt. Da die Parasiten sehr wirtsspezifisch sind, können sie nicht auf Menschen oder andere Haustiere übertragen werden. Einzig andere Hühnervögel kommen ebenfalls als Wirte infrage. Die Übertragung der Läuse erfolgt durch direkten Kontakt zwischen den Tieren. Im Außenbereich kann die Übertragung auch durch Wildvögel erfolgen.

Normalerweise können gesunde Wachteln eine Infektion mit Läusen gut bekämpfen. Ist das Immunsystem durch schlechte Haltungsbedingungen, Stress oder Krankheiten geschwächt, können sich die Läuse leichter im Bestand ausbreiten. Ist es den Wachteln nicht möglich, die Federn aufgrund einer Verformung des Schnabels oder eines fehlenden Sandbades zu pflegen, steigt auch das Risiko für einen Befall mit Läusen.

An den Federn sind die Fraßspuren der Läuse deutlich sichtbar. Die Wachteln putzen sich häufiger. Die Haut ist gerötet, durch den Verlust von Federn bilden sich kahle Stellen.

Der Stall muss gründlich gereinigt und desinfiziert werden. Zusätzlich werden die Legenester mit Läusepuder bestreut. Die Wachteln müssen von einem Tierarzt mit einem Insektizid behandelt werden. Als Alternative zu dem Insektizid, das oft nicht gut von den Vögeln vertragen wird, kann Milchsäure eingesetzt werden. Diese ist absolut ungiftig. Durch Kräutermischungen muss zusätzlich das Immunsystem der Wachteln gestärkt werden.

### 2.8.5 Faden- und Bandwürmer

Die häufigsten im Darm von Wachteln parasitierenden Wurmarten sind Fadenwürmer und Bandwürmer. Seltener werden Hakenwürmer, Spulwürmer oder Haarwürmer nachgewiesen. Da die Eier der Würmer lange Zeit im Boden überleben können, muss bei einer Behandlung auch immer über eine Sanierung des Auslaufs nachgedacht werden.

### 2.8.5.1 Fadenwürmer

Nematoden (Fadenwürmer) sind kleine, weiße, fadenförmige Würmer, die sich im Darmtrakt der Wachteln aufhalten. Die Futteraufnahme ist gesteigert, da die Würmer den Wachteln Nährstoffe entziehen. Durch den Durchfall ist der Flüssigkeitshaushalt der Wachteln gestört. Die Federn stehen struppig ab. Die Legeleistung sinkt stark. Liegt ein hochgradiger Befall vor, werden erwachsene Würmer mit dem Kot ausgeschieden. Sie befinden sich in der Umgebung der Kloake und in der Einstreu.

### 2.8.5.2 Bandwürmer

Seltener werden Wachteln mit Zestoden (Bandwürmern) infiziert. Die Übertragung erfolgt durch den Kot infizierter Tiere oder kleine Schnecken, die für die Bandwürmer Zwischenwirte sind. Die Bandwürmer stülpen den Kopf im Darmtrakt aus und beißen sich an der Darmschleimhaut fest. Dort saugen sie Blut und entziehen den Wachteln Nährstoffe aus dem Nahrungsbrei. Die Wachteln leiden an Durchfall, sind anämisch und magern ab. Die Legeleistung ist vermindert.

#### 2.8.5.3 Haarwürmer

Bei Wachteln parasitiert vor allem Capillaria annulata im Dünndarm. Die Übertragung erfolgt durch mit den Larven infizierte Regenwürmer, die von den Wachteln gefressen werden. Das Wachstum der Tiere und die Legeleistung sind vermindert. Bei Küken können auch Todesfälle auftreten.

#### 2.8.5.4 Rotwurmseuche: Luftröhrenwürmer

Syngamus trachea ist nur selten bei Wachteln zu finden. Die Übertragung erfolgt durch den Kot von Wildvögeln und infizierte Regenwürmer. Die erwachsenen Würmer wandern von dem Magen-darmtrakt in die Bronchien und die Luftröhre. Die Wachteln atmen mit geöffnetem Schnabel. Bei Küken kann eine Infektion mit Luftröhrenwürmern tödlich verlaufen.

**Wie können Würmer bei Wachteln behandelt werden?**

Der Status „absolut wurmfrei“ kann nicht erreicht werden, da die Wachteln immer wieder infizierte Wurmeier aufnehmen. Außerdem haben die

Wurmmittel, die der Tierarzt verabreicht, auch Nebenwirkungen. Daher sollte immer nur ein nachgewiesener hochgradiger Wurmbefall mit chemischen Mitteln behandelt werden. Um einem Wurmbefall vorzubeugen, wird das Futter mit Kräutern, die Bitterstoffe und Saponine enthalten, versetzt. Geriebene Karotten können ebenfalls für die Vorbeugung eines Wurmbefalls verwendet werden.

## 2.8.6 Legedarmvorfall

Aufgrund einer schlechten Zusammensetzung des Futters kann sich die Größe der Wachteleier verändern. Hier ist vor allem der Eiweißgehalt maßgeblich. Zu große Eier reizen den Legedarm. Die Eiablage verursacht Schmerzen. Nach jedem abgelegten Ei stülpt sich der Legedarm ein weiteres Stück nach außen. Die Henne verweigert die Aufnahme von Futter. Wegen der Schmerzen ist die Atmung angestrengt, der Schnabel ist geöffnet. Die Flügel der teilnahmslosen Henne hängen nach unten. Die Schleimhaut des Legedarms ist gerötet und angeschwollen.

Liegt eine Legenot vor, kann die Eiablage durch eine Massage unterstützt werden. Ebenfalls unterstützend wirkt ein Einlauf mit warmem Öl oder einem Desinfektionsmittel. Ein bereits bestehender Vorfall des Legedarms muss unbedingt durch den Tierarzt behandelt werden. Die bereits abgestorbene Schleimhaut wird entfernt. Nach dem Rückschieben des Legedarms wird ein weiterer Vorfall durch eine Naht verhindert.

Da ein Legedarmvorfall immer starke Schmerzen verursacht, muss eventuell eine Tötung des Vogels in Erwägung gezogen werden.

### 2.8.7 Kalkbeine

Kalkbeine werden durch eine Grabmilbe verursacht. Die Räudemilben leben unter den Hautschuppen der Ständer. Die Schuppen lösen sich ab, die Bewegungen der Wachteln sind gestört. Kalkbeine können im Anfangsstadium auch mit Hausmitteln behandelt werden. Besonders gut geeignet ist Vaseline, das mehrere Tage lang auf die Ständer aufgetragen wird. Die Salbe verschließt die Atemöffnungen der Milben, diese ersticken. Einige Tage nach der Behandlung erholt sich die Haut der Ständer wieder.

### 2.8.8 Aspergillose

Der Pilz siedelt sich im Darm und der Lunge der Wachteln an. Die betroffenen Vögel sind teilnahmslos, die Atmung ist erschwert. Das Durstgefühl ist gesteigert. Die Infektion erfolgt durch Schimmelsporen, die mit dem Kot ausgeschieden werden.

Daher sollte als Vorbeugung die Kotschublade immer gründlich gereinigt und desinfiziert werden. Eine Behandlung der erkrankten Wachteln ist nicht möglich.

### 2.8.9 Newcastle Disease

Die Newcastle Krankheit tritt bei den Wachteln nur selten auf. Die von einem Paramyxovirus verursachte Krankheit wird durch die Körperflüssigkeiten (Augensekret, Nasensekret, Kot) infizierter Tiere übertragen. Die erkrankten Wachteln leiden an hohem Fieber (über 43 Grad Celsius), sind teilnahmslos und fressen nicht. Die Legeleistung geht stark zurück. Bei noch gelegten Eiern ist die Schale sehr dünn ausgebildet. Teilweise werden auch Eier ohne Schale gelegt. Aus den Augen tritt zäher Schleim und Eiter aus. Die Atmung ist erschwert. Ein blutiger, wässriger Durchfall tritt auf. Innerhalb von fünf Tagen sterben die ersten Wachteln. Eine Übertragung auf den Menschen ist möglich, es treten aber nur leichte Krankheitssymptome, wie eine Bindehautentzündung, auf.

Da es sich bei der Newcastle Krankheit um eine anzeigepflichtige Tierseuche handelt, muss im Verdachtsfall immer die zuständige Veterinärbehörde informiert werden. Der Amtstierarzt entscheidet dann über weitere Maßnahmen.

**Können Wachteln durch Impfungen vor der Newcastle Disease geschützt werden?**

Der Veranstalter von Ausstellungen schreibt vor, dass Hühnervögel vor der Ausstellung geimpft werden müssen. Da es in Europa keinen speziell für Wachteln zugelassenen Impfstoff gibt, müssten die Vögel mit einem Hühnerimpfstoff geimpft werden. Diese Impfung kann für die Wachteln auch gefährlich werden. Immer wieder treten nach der Impfung Todesfälle durch eine falsche Dosierung des Impfstoffes auf.

Außerdem entspricht die Impfung nicht den gesetzlichen Vorschriften, da keine spezielle Zulassung des Impfstoffes für Wachteln vorliegt. Auf einigen Ausstellungen sind der Veranstalter und der Amtstierarzt bereit, auf eine vorherige Impfung der Wachteln zu verzichten.

# 3. DER KAUF VON WACHTELN

Bevor mit einer Zucht von Wachteln oder der Produktion von Wachteleiern begonnen werden kann, müssen einige grundlegende Fragen beantwortet werden. Damit die Grundlage für einen gesunden Bestand an Wachteln gelegt werden kann, ist es wichtig, die Vögel nur von seriösen Quellen zu erwerben.

## 3.1 Überlegungen vor der Anschaffung

Zuerst ist es wichtig, eine Entscheidung zu treffen, ob Zierwachteln oder Legewachteln gehalten werden sollen. Zierwachteln fallen durch ihr besonderes Äußeres auf. Die meisten Zierwachtelarten stellen aber auch besondere Anforderungen an die Haltungsbedingungen. Straußwachteln benötigen im Winter eine geheizte Voliere, da sie auf tiefe Temperaturen empfindlich reagieren. Kalifornische Schopfwachteln sind monogam und verhalten sich das ganze Jahr, vermehrt in der Brutzeit, aggressiv gegenüber anderen Wachteln. Zierwachteln legen nur eine geringe Anzahl an Eiern. Da die Vögel schwierig zu halten sind, ist die Haltung von Zierwachteln nicht so gut für Anfänger geeignet.

Zwergwachteln benötigen ebenfalls viel Platz, da die meisten Arten monogam sind. Pro Wachtelpaar sollte der Stall eine Grundfläche von 1,5 Quadratmetern aufweisen. Da Hahn und Henne äußerlich kaum zu unterscheiden sind, muss die Geschlechtsbestimmung über einen Kloakentest erfolgen. Zwergwachteln sollten daher eher von erfahrenen Züchtern gehalten werden.

Die Japanwachtel zeigt eine höhere Legeleistung. Sie ist anspruchslos und pflegeleicht. Die Wachteln sind auch weniger aggressiv als andere Wachtelarten. Japanwachteln können gleichermaßen für die Produktion von Eiern als auch für die Fleischproduktion genutzt werden. Die unkomplizierten, polygamen Vögel sind gut für Anfänger geeignet. Sie sind zutraulich und stellen keine besonderen Anforderungen an ihr Futter. Im Winter ist ein geschützter Volierenbereich, in dem Rotlichtlampen für Wärme sorgen, ausreichend. Der Preis für die Japanwachteln, die durchaus über ein attraktives Äußeres verfügen, ist günstiger als der anderer Wachtelarten.

Verschiedene Wachtelarten sollten nicht gemeinsam in einem Stall gehalten werden, da jede Art eigene Ansprüche an die Haltung stellt. Die Kombination von verschiedenen Farbschlägen ist einfacher. Hier sollte nur darauf geachtet werden, dass die Mischung nicht zu bunt ist, damit kein Farb-Mobbing auftritt.

Weiters muss überlegt werden, ob die Wachtelgruppe aus einem Hahn und Hennen oder nur aus Hennen bestehen soll. Auch wenn die Hennen eher leise Rufe ausstoßen, muss damit gerechnet werden, dass die Hähne auch lauter sein können. Um Beschwerden der Nachbarn vorzubeugen, sollte bei der Haltung eines Hahnes sicherheitshalber vorher mit den Nachbarn das Einvernehmen hergestellt werden.

## 3.2 Vorbereitungen treffen

Ist die Entscheidung für die Wachtelart, die gehalten werden soll, gefallen, kann der Stall eingerichtet werden. Dabei müssen die Lebensbedingungen der Wachteln genau beachtet werden. Ist der Stall zu klein oder der Besatz zu hoch, können Aggressionen zwischen den Vögeln auftreten. Am Boden und auf erhöhten Plätzen müssen ausreichende Versteckmöglichkeiten eingerichtet werden. Ebenso muss für ausreichende Beschäftigung und Auslauf gesorgt werden. Der Stall ist gegen Raubtiere (Fuchs und Marder) abzusichern. Bei einer Voliere muss eine schützende Teilabdeckung gebaut werden. Vor dem Einzug der Vögel wird der Stall auf Zugluft überprüft. Wachteln reagieren besonders empfindlich auf vorhandene Zugluft und leiden in zugigen Stellen an Schnupfen und Lungenentzündungen. Ist der Stall komplett eingerichtet und das Futter trocken und lichtgeschützt gelagert, steht dem Einzug der Vögel nichts mehr im Wege.

Wird keine Vogelgruppe gekauft, müssen die Wachteln langsam vergesellschaftet werden. In der Zeit des Kennenlernens sind besonders viele

Versteckmöglichkeiten notwendig.

## 3.3 Beschaffung von Wachteln

Wachteln können bei verschiedenen Verkäufern erworben werden:

- Züchter
- Kleintierausstellungen
- Geflügelzuchthof, Wachtelfarm
- Internet

### 3.3.1 Kauf von Wachteln bei einem Züchter

Die Adressen von lokalen Züchtern sind bei den Kleintierzuchtvereinen und über andere Onlineverzeichnisse erhältlich. Da der Züchter sich in der näheren Umgebung des neuen Stalls befindet, müssen die Wachteln nicht lange transportiert werden. Der Stress, dem die Tiere während der Fahrt ausgesetzt sind, ist geringer. Es fallen auch niedrigere Kosten für die Fahrt an.

Ein seriöser Züchter kann Anfängern wertvolle Tipps bezüglich der Haltung der Wachteln und des Futters geben. Er steht auch nach dem Kauf für Fragen zur Verfügung. Die Haltung der Wachteln beim Züchter kann begutachtet werden. Die verkauften Vögel sind gesund und vor dem Kauf von einem Tierarzt versorgt worden.

Ist es geplant, selber mit den Wachteln Ausstellungen zu besuchen und zu züchten, sind Wachteln von einem erfahrenen Profizüchter besonders geeignet. Die Elterntiere haben selbst an Ausstellungen teilgenommen und sind entsprechend ausgezeichnet worden. Hier kann der neue Halter besser die weitere Entwicklung der Wachteln einschätzen.

Bei Züchtern ist es einfacher, bezüglich der gewünschten besonderen Farbschläge fündig zu werden, da die Wachteln gezielt gepaart werden.

Der größte Nachteil eines Kaufs bei einem Züchter liegt darin, dass der Anschaffungspreis der Vögel höher ist als bei einem Kauf im Internet. Dafür erhält man aber die größtmögliche Garantie, dass die Wachteln gesund und leistungsfähig sind.

### 3.3.2 Kauf von Wachteln auf Kleintierausstellungen

Kleintierausstellungen bieten eine gute Übersicht über die Wachtelarten und die Farbschläge. Die Vögel stammen von einem professionellen Züchter. Sie sind von einem Tierarzt untersucht und gesund. Fragen an den Züchter können auch zu einem späteren Zeitpunkt gestellt werden.

Sollen Wachteln auf einer Kleintierausstellung gekauft werden, muss schon im Voraus für eine Transportmöglichkeit gesorgt werden. Die Ausstellungen dauern meistens nur ein Wochenende. Sind viele Züchter vertreten, ist es schwierig, sich in der kurzen Zeit einen Überblick zu verschaffen. Zusätzlich muss der Preis für das Eintrittsgeld in den Kaufpreis inkludiert werden.

### 3.3.3 Kauf von Wachteln auf einem Geflügelhof

Im ländlichen Handel können Wachteln günstig gekauft werden. Gleichzeitig ist auf dem Geflügelhof meistens auch der Kauf von Zubehör für die Haltung und von Futter möglich.

Wer besondere Farbschläge oder Wachtelarten sucht, wird hier nicht fündig, da das Angebot auf die gefragtesten Arten beschränkt ist. Fragen an den Züchter sind meistens nicht möglich. Die Beratung erfolgt nicht so kompetent wie eine Beratung durch einen Züchter.

### 3.3.4 Kauf von Wachteln im Internet

Bei dieser Kaufform kann bequem am Computer zu Hause nach dem passenden Angebot an Wachteln gesucht werden. Es können viele Verkäufer kontaktiert werden, da die Suche nicht auf lokale Züchter eingeschränkt ist. Der Versand der Wachteln findet normalerweise innerhalb von 24 Stunden statt. Durch den Zukauf von fremden Wachteln kann die eigene Blutlinie gut aufgefrischt werden. Es besteht nicht die Gefahr einer Inzucht.

Der Kauf im Internet hat aber auch Nachteile. Die Wachteln müssen über weitere Transportwege angeliefert werden. Die Tiere sind dadurch einer höheren Stressbelastung ausgesetzt. Für den Versand müssen hohe Kosten entrichtet werden. Da die Wachteln nicht persönlich abgeholt werden, ist es auch nicht möglich, die ursprünglichen Haltungsbedingungen zu überprüfen. Fragen an den Züchter sind nur schwer möglich.

# 4. DIE HALTUNG VON WACHTELN

Wachteln sind als Heimtiere sehr beliebt. Sie beanspruchen nicht so viel Platz wie andere Hühnervögel und sind auch wesentlich leiser. Damit die liebenswerten Vögel sich in ihrem neuen Zuhause wohl fühlen, finden Sie in diesem Kapitel einige Ratschläge für eine artgerechte und tiergerechte Wachtelhaltung. Schließlich sollen die schönen Vögel ein langes und glückliches Leben führen.

## 4.1 Unterbringung

Wachteln leben gerne im Garten und bewegen sich den ganzen Tag draußen. Trotzdem ist ein vor Wind und Wetter geschütztes Gehege als Rückzugsort erforderlich. Das artgerechte Gehege ist aber nicht nur ein Rückzugsort. Es schützt in der Nacht vor Raubtieren, bietet einen gemütlichen Platz für die Eiablage und einen Ort, an dem die Brut sicher aufgezogen werden kann. Die Unterbringung kann auf verschiedene Weise erfolgen.

## 4.1.1 Voliere

Die Voliere ist eine besonders beliebte Form der Haltung von Wachteln, da bei dieser Haltung der geschützte Stall und der Auslauf eng miteinander verbunden sind. Im Innenbereich sind die Wachteln vor Wind, Regen und starker Sonneneinstrahlung geschützt. Der vordere Außenbereich ist durch feinen Draht geschützt. Eine optimale Zirkulation der Luft ist möglich. Der Boden der Voliere besteht aus Holz, Steinen oder dem natürlichen Erdboden mit Gras. Das Dach reicht über den Innenbereich hinaus und deckt auch den gesamten Außenteil der Voliere ab. Dadurch sind die Wachteln besser vor Zugluft und Feuchtigkeit geschützt. Außerdem ist das Risiko einer Krankheitsübertragung durch Wildvögel in einer überdachten Voliere geringer. Damit auch die Belüftung des Innenbereichs möglich ist, sollte an der Rückseite der Voliere ein vergittertes Fenster eingebaut werden. Das Gitter und die Wände des Innenbereichs müssen intakt sein und dürfen keine Löcher aufweisen. Beschädigungen müssen immer sofort ausgebessert werden, damit sich Raubtiere in der Nacht keinen Zutritt verschaffen können.

Die Höhe einer Voliere bietet den Wachteln auch Raum nach oben. Sie können sich jedereit in die erhöhten Versteckmöglichkeiten zurückziehen. Die Voliere kann einfach zum Reinigen betreten werden. Die Entfernung der Einstreu ist komfortabel möglich.

Pro Quadratmeter sollten in einer Voliere maximal fünf Wachteln gehalten werden. Ausgenommen sind Wachtelarten, die mehr Platz aufgrund ihrer territorialen Aggression benötigen. Bei einem bestehenden Naturboden sollte ein geringerer Besatz angestrebt werden, damit der Boden nicht durch das Scharren schnell beschädigt wird.

### 4.1.2 Käfig

Ein Käfig schränkt das Bewegungsbedürfnis der Wachteln stark ein. Die Tiere können ihr Sozialverhalten nicht ausleben. Ein tiergerechtes Leben ist nicht möglich. Auch eine Beobachtung der Verhaltensweisen der Wachteln ist in einem Käfig nicht möglich. Die Haltung in einem Käfig ist als Tierquälerei zu beurteilen. Leider werden in einigen Ländern Wachteln in Mastbetrieben noch immer in Käfigen gehalten, die nur eine Größe von 40 mal 80 Zentimetern aufweisen.

Durch das Stehen auf einem Gitterboden werden die Gelenke der Vögel stark belastet.

### 4.1.3 Stall

Bei der Haltung in einem Stall besteht der Lebensraum der Wachteln aus einem geschlossenen Raum, der gut strukturiert wird. Der Boden wird mit Sandplätzen und Versteckmöglichkeiten ausgestattet, damit die Wachteln ihren natürlichen Bedürfnissen nachgehen können. Im Winter kann der Stall einfach beheizt werden. Die Belüftung erfolgt über Fenster. Die Vögel sind ausreichen vor Raubtieren geschützt.

### 4.1.4 Gatter

Ein Gatter ist die ideale Unterbringung während des Tages. Gesteht zusätzlich ein geschützter Rückzugsraum, können die Wachteln auch über Nacht in dem Gatter bleiben. Während der kalten Jahreszeit ist unbedingt ein geheizter Stall notwendig. In einem Gatter können vier bis sieben Wachteln pro Quadratmeter gehalten werden. Durch eine Überdachung werden die Vögel vor Zugluft, Wind und Nässe geschützt. Der Zaun kann aus Maschendraht gestaltet werden. Dabei darf die Größe des Maschendrahts nicht über zwölf Millimetern liegen, damit die Wachteln auch vor Raubtieren gut geschützt sind. Da das Gehege nach unten hin offen gehalten ist, kann es bei Bedarf einfach an eine andere Stelle im Garten versetzt werden. Der Boden muss dadurch nicht zusätzlich gereinigt werden. Die Wachteln finden immer wieder frisches Gras und Kräuter vor. Nach dem Versetzen des Gatters kann sich der Boden wieder erholen. Durch den Kot der Wachteln wird das Gras gedüngt.

Sollen die Wachteln auch die Nacht in dem Gatter verbringen, muss der Boden des Gatters auch nach unten mit einem Maschengitter abgesichert werden. Dadurch wird verhindert, dass sich Raubtiere unter dem Zaun des Gatters durchgraben und sich so Zutritt zu den Vögeln im Gatter verschaffen.

Eine Kombination aus Stall und Gatter ist für die Wachteln eine ideale, tiergerechte Haltungsform.

## 4.2 Inhalt der Unterbringung

Damit sich die Wachteln in ihrem Zuhause wohl fühlen, muss eine tiergerechte Ausstattung vorhanden sein.

Verstecke werden von den Wachteln als Ruheplatz und Rückzugsort genutzt. Die Wachteln können sich bei Streitigkeiten zurückziehen.

Ein Sandbad wird für die Pflege der Federn benötigt. Die Wachteln können sich in dem Sandbad von Ungeziefer befreien und die Verdauung der Nahrung durch das Aufpicken von Grit (kleinen Steinen) unterstützen. Das Sandbad ist auch für das soziale Verhalten der Wachteln notwendig.

Die Tränke sollte auf einem erhöhten Platz aufgestellt werden, damit das Trinkwasser nicht durch Kot oder Einstreu verschmutzt wird. Eventuell kann ein Wasserspender auch an der Wand hängend befestigt werden. Steht den Wachteln kein frisches Trinkwasser zur Verfügung, wird das Legen der Eier beendet. In größeren Haltungen erleichtern automatische Tränksysteme die Arbeit.

Die Futterschüssel müssen ebenfalls auf einem Podest aufgestellt werden, damit keine Verschmutzungen in das Futter gelangen.

Die Einstreu sollte der Lebensart der Wachteln angepasst werden. Am besten geeignet sind Stroh oder staubfreie Späne aus Holz. Damit die Füße der Wachteln geschützt sind, muss die Einstreu in einer dichten Lage in das Gehege eingebracht werden.

## 4.3 Futter

Das Futter setzt sich aus einem Grundfutter und zusätzlichen Leckerbissen zusammen. Werden die Wachteln im Garten gehalten, begeben sie sich auch auf die Suche nach Würmern, kleineren Insekten oder Samen.

### 4.3.1 Arten von Wachtelfutter

Das Grundfutter sollte einen Eiweißgehalt von 17 bis 20 Prozent aufweisen. Ist der Proteingehalt zu niedrig oder zu hoch, wird die Legeleistung negativ beeinflusst. Bei einem verringerten

Proteingehalt legen die Wachteln kleinere Eier. Bei einem höheren Eiweißgehalt sind die Eier zu groß. Das Risiko für einen Legedarmvorfall steigt. Ein höherer Anteil an Protein kann auch Dauerlegen verursachen. Die Wachteln sind erschöpft, die Lebenszeit ist verringert.

Zusätzlich zu dem Grundfutter erhalten die Wachteln Leckerbissen, wie getrocknete Gammarus (Krebse), Karotten, Blüten und Kräuter. Zusätzlich sorgen Melone, Gurken, Reis und Salat für Abwechslung auf dem Speiseplan.

### 4.3.2 Besonderheit Wachtelfutter für Küken

Wachtelküken benötigen ein spezielles Futter, damit sie gut mit Vitaminen, Mineralstoffen und Spurenelementen versorgt sind. Am ersten Tag ernähren sich die Küken noch von den Resten des Dottersackes. Der Rohproteingehalt ist etwas höher, da die Vögel sich noch im Wachstum befinden. In den ersten fünf Lebenswochen dürfen die Küken nur mit dem speziellen Futter ernährt werden. Ab der fünften Woche wird das Futter für erwachsene Wachteln unter das Kükenfutter gemischt.

Für die Wachtelküken darf kein Kükenfutter für Hühner verwendet werden. Diesem Futter sind Kokzidiostatika beigemischt, die von den Wachteln nicht vertragen werden.

Während der Aufzucht muss auch besonders auf die Einstreu des Geheges geachtet werden. Nehmen die Küken Sand anstelle des Futters auf, verhungern sie langsam.

Ab der sechsten Lebenswoche können die Wachteln ausschließlich mit dem normalen Wachtelfutter ernährt werden.

### 4.3.3 Optimale Fütterung von ausgewachsenen Wachteln

Bei dem Futter für ausgewachsene Wachteln muss vor allem auf den richtigen Proteingehalt geachtet werden, damit keine Legestörungen auftreten. Da die Vögel Abwechslung lieben, benötigen sie vor allem bei reiner Stallhaltung zusätzliche Leckerbissen, wie Krebse oder getrocknete Insekten. Auch Mehlwürmer sind gut für die Eiweißversorgung geeignet.

Das Futter sollte eine möglichst natürliche Zusammensetzung aufweisen und alle Bedürfnisse der Wachteln vollständig abdecken.

### 4.3.4 Wachtelfutter selbst herstellen

Wachtelfutter muss nicht fertig gekauft werden. Es ist schon bei der Aufzucht der Küken möglich, das Futter selber herzustellen.

**Futter für Küken**

In den ersten beiden Tagen kann den Küken Hüttenkäse mit einem niedrigen Fettgehalt gefüttert werden. Auch gekochte Wachteleier mit geriebenen Eierschalen sind für die Fütterung geeignet. Ab dem dritten Tag können Sie fein zerkleinertes Gemüse unter den Hüttenkäse mischen. Ab diesem Zeitpunkt dürfen die Küken auch schon zerkleinerte Brennnessel, Schafgarbe und Löwenzahn erhalten. Ab dem fünften Tag wird das Futter mit Karotten, Weizenkeimen und Samen ergänzt.

**Futter für erwachsene Wachteln**

Der Futterbedarf liegt zwischen 31 und 48 Gramm pro Tag und ist abhängig von der Aktivität der Wachteln. Für das Futter werden Sojaschrot, Maisschrot, Weizen, Eierschalenmehl, Sojaöl und eine Vitaminmischung gemischt.

Für Anfänger ist es nicht einfach, den richtigen Eiweißgehalt zu berechnen. Fehler wirken sich immer sofort auf die Legeleistung der Wachteln aus.

## 4.3.5 Optimale Ergänzungen für Wachtelfutter

Getrocknete Insekten, Würmer und Krebse sind gut als Ergänzungen für das Wachtelfutter geeignet. Kräutermischungen aus Schafgarbe, Löwenzahn und Brennnessel fördern die Verdauungstätigkeit und stärken das Immunsystem. Außerdem können Beeren und Früchte als Zusatzfutter genutzt werden.

## 4.4 Pflege und Aufgaben

Bei der Haltung der Wachteln müssen täglich Aufgaben erfüllt werden, damit die Vögel ein tiergerechtes und gesundes Leben führen können.

### 4.4.1 Pflege

Die Pflege des Gefieders übernehmen die Wachteln selbst. Steht ein Sandbad zur Verfügung, nehmen die Wachteln mehrmals täglich ein Bad in dem sauberen Sand, um Ungeziefer loszuwerden. Für die Sauberkeit des Geheges und die Versorgung mit Futter und Trinkwasser ist der Halter zuständig.

### 4.4.2 Täglich anfallende Aufgaben

Die Wasserschüsseln müssen mehrmals täglich gereinigt werden. Das Trinkwasser muss mindestens dreimal pro Tag frisch angeboten werden. Steht den Wachteln kein Trinkwasser zur Verfügung, stellen die Vögel das Legen der Eier ein.

Das Futter muss jeden Tag frisch in die gereinigten Futterbehälter gefüllt werden. Verschmutzungen oder Futterreste sind zu entfernen, damit sich keine Bakterien vermehren können.

Die Eientnahme aus den Legenestern muss ebenfalls jeden Tag erfolgen. Dabei können die Nester kontrolliert und gesäubert werden.

### 4.4.3 Regelmäßig anfallende Aufgaben

Das Gehege muss regelmäßig gereinigt, desinfiziert und mit frischer Einstreu ausgestattet werden. Durchschnittlich muss die Einstreu jeden dritten Tag getauscht werden. Mehrmals jährlich müssen die Wände und die Decke des Stalls gereinigt und frisch gekalkt werden, damit sich keine Parasiten festsetzen können.

Die Sandbäder werden bei der Grundreinigung ebenfalls erneuert. Versteckmöglichkeiten und Legenester müssen ebenfalls mindestens einmal wöchentlich gereinigt werden.

## 4.5 Haltung im Winter

Nicht alle Wachtelarten sind dazu geeignet, im Winter in einem ungeheizten Raum mit lokalen Lichtquellen zu überwintern. Vor allem tropische Wachtelarten, wie die Straußwachteln, benötigen einen vollständig beheizten Raum für die Überwinterung. Der Stall muss vor Zugluft, Kälte und Nässe ausreichend geschützt sein. Japanische Legewachteln tolerieren Temperaturen bis Minus 15 Grad Celsius. Damit bei tiefen Temperaturen das Stallinnere gut geschützt ist, werden die Stallwände gedämmt. Wichtig ist eine gute Luftzirkulation, damit es nicht zu einem Wachstum von Schimmelpilzen kommt.

Im Winter sollte der Boden mit einer höheren Schicht Einstreu bedeckt werden, damit die Wachteln nicht durch die aufsteigende Bodenkälte beeinträchtigt werden. Die Einstreu muss öfter gewechselt werden. Sie bindet durch die hohe Luftfeuchtigkeit im Stall im Winter schneller die Feuchtigkeit.

Tränkewärmer verhindern das Einfrieren des Wassers in den Tränken. Trinkwasser steht dadurch immer zur Verfügung. Bei empfindlichen

Wachtelarten können zusätzliche Wärmelampen montiert werden. Ein Thermostat ist unbedingt erforderlich, damit im Stall nicht zu unterschiedliche Temperaturzonen auftreten.

Da die Legeleistung auch durch die Tageslichtmenge beeinflusst wird, sollten zusätzliche Beleuchtungskörper angebracht werden, die über Nacht nur gedimmt werden.

Während der Mauser im Herbst legen viele Wachteln keine Eier mehr. Die Eiablage wird im Frühjahr wieder fortgesetzt. Die Fütterung muss während der Wintermonate nicht verändert werden.

# 5. DIE BRUT VON WACHTELN

Wachteln brüten nur unter vollständig natürlichen Bedingungen selber. Daher muss zur Vermehrung eines Bestandes meistens auf eine Kunstbrut zurückgegriffen werden.

## 5.1 Naturbrut

Sind ausreichend Büsche und Verstecke im Gehege vorhanden, wird die Henne zum Ausbrüten der Eier animiert. Dabei muss es den Vögeln möglich sein, mit dem Partner Reviere zu bilden und ein Nest zu bauen.

Beginnt eine Henne, Eier zu bebrüten, sollte sie von den anderen Wachteln isoliert werden. Die Beleuchtung muss abgedunkelt und das Legefutter zu 50 Prozent mit einer Körnermischung versetzt werden. Trinkwasser muss ständig zur Verfügung stehen.

Die Brutzeit beträgt ungefähr 17 Tage. Während dieser Zeit sollte die Henne nicht gestört werden, da sie sonst das Nest mit den Eiern aufgibt. Meistens schlüpfen die Küken während der Nacht. Der Schlupf kann sich über zwei Tage ziehen. Nach dieser Zeit sollten noch vorhandene Eier entfernt werden. Sind schwache oder Küken mit Missbildungen geschlüpft, sterben diese innerhalb der ersten Tage. Küken, die eine Woche alt sind, haben eine gute Überlebenschance. Als Futter wird den Küken und der Henne in den ersten Tagen zerkleinertes und hart gekochtes Ei angeboten. Die Henne erhält zusätzlich Körnerfutter. Die Henne legt immer wieder Körner auf den Boden und animiert die Küken dazu, diese zu fressen. Das Trinkwasser sollte während der Aufzuchtzeit mit Vitaminen und Mineralstoffen angereichert werden, damit die Vögel optimal versorgt sind. Ab der fünften Lebenswoche können die Küken in die Wachtelgruppe gesetzt werden.

Küken aus Naturbrut reagieren auf die Annäherung eines Menschen scheuer als Küken aus Kunstbrut.

## 5.2 Kunstbrut

Um bei einer Kunstbrut einen guten Erfolg zu erzielen, müssen die Auswahl der Bruteier, die Lagerung und der Brutvorgang sorgfältig durchgeführt werden. Um Bruteier zu produzieren, müssen sich in der Wachtelgruppe mehrere Hähne befinden. Nur so besteht eine gute Chance, dass viele befruchtete Eier gelegt werden. Die Eier von besonders jungen Wachteln sollten nicht für die Kunstbrut verwendet werden. Erst ab einem Lebensalter von zwölf bis 15 Wochen haben die Bruteier die optimale Größe erreicht. Eier mit einer rauen Schale sollten schon vor der Bebrütung aussortiert werden.

Bruteier müssen aber nicht unbedingt in der eigenen Wachtelhaltung erzeugt werden. Es besteht die Möglichkeit, diese über das Internet zu kaufen. Dadurch können günstig und schnell neue Farbschläge gezüchtet werden. Außerdem wird eine Inzucht vermieden.

Obwohl die Eier vor dem Versand sorgfältig verpackt werden, sollten diese nach der Ankunft 24 Stunden lang ruhen. In diesem Zeitraum kann der Brüter für die Bebrütung der Eier vorbereitet werden.

Damit gute Bruteier für eine Kunstbrut erzeugt werden können, müssen die Elterntiere sorgfältig ausgewählt werden. Kranke, schwache oder alte Wachteln sollten nicht für die Gewinnung von Bruteiern genutzt werden. Zusätzlich zu dem normalen Futter benötigen die Wachteln Vitamine und Mineralstoffe.

## 5.3 Warum Kunstbrut genutzt werden sollte

Wachteln stellen besondere Anforderungen an ihre Lebensumgebung, damit sie auf natürlichem Weg brüten. Häufig ist das bei der Haltung von Hobbyzüchtern nicht der Fall. Deshalb ist die Kunstbrut eine gute Alternative, um den Bestand an Wachteln aufzustocken. Die aus den Eiern geschlüpften Küken können auch ohne Henne einfach aufgezogen werden. Mit dem neuen Genmaterial wird die Blutlinie aufgefrischt. Eine Inzucht wird vermieden.

Durch die Kunstbrut ist es auch möglich, Wachtelgruppen mit neuen Farbschlägen schnell und einfach aufzubauen. Bei Schlupfeiern aus dem Versand ist die Schlupfrate allerdings häufig verringert, da die Eier Temperaturschwankungen und Erschütterungen ausgesetzt sind. Durchschnittlich liegt die Schlupfrate bei Bruteiern bei 50 Prozent.

## 5.4 Was wird für die Kunstbrut benötigt

- Wachteleier
- Brüter
- Thermometer
- Hygrometer
- Schierlampe
- Desinfektions- und Reinigungsmittel

Für die Bebrütung der Eier kann ein Motorbrüter oder ein Flächenbrüter eingesetzt werden.

Der Motorbrüter verfügt über mehrere Ebenen, auf die die Bruteier gelegt werden. Ein Ventilator sorgt für die gleichmäßige Verteilung der Luft innerhalb des Brüters. Lüftungssysteme halten die Temperatur konstant. Für das Wenden der Eier sind in dem Brüter eigene Wendesysteme integriert. Die Küken müssen nach dem Schlüpfen herausgenommen werden.

In einem Flächenbrüter befinden sich alle Bruteier auf einer Ebene. Die Eier können automatisch oder manuell gewendet werden. Die Temperatur wird durch einen Lüftungsmotor gesteuert. Günstiger sind Flächenbrüter mit einer analogen Temperatursteuerung.

## 5.5 Vorbereitung der Kunstbrut

Die Eier müssen nach der Ankunft auf der Spitze stehend für 24 bis 48 Stunden ruhen. In der Ruhezeit können sich das Eiklar, der Eidotter und die Hagelschnüre wieder in der normalen Position einrichten. Vor allem im Herbst müssen sich die Bruteier erst wieder an die Temperatur anpassen. Werden die Eier sofort in den Brüter gesetzt, sammelt sich Wasser auf der Schale an. Das Ei verdirbt.

Um die Eier optimal zu lagern, sollte eine Raumtemperatur von ungefähr 13 Grad Celsius herrschen. Ist die Temperatur zu hoch, wird dem Ei Wasser entzogen. Es trocknet aus. Während der Lagerung müssen die Eier dreimal täglich um je 180 Grad gewendet werden, damit die Keimscheibe nicht mit der Eischale verklebt. Für die Kontrolle sollte eine Markierung auf der Schale angebracht sein. Werden die Eier länger als zehn Tage gelagert, ist die Schlupfrate deutlich verringert.

## 5.6 Vorbereitung des Brutautomaten

Bevor die Wachteleier bebrütet werden, sollte mit dem Brüter ein Probelauf gemacht werden. Der Brüter wird gründlich gereinigt und desinfiziert. Für die Desinfektion sollten ausschließlich spezielle Desinfektionsmittel verwendet werden, zum Beispiel Bruja Clean.

Bevor die Eier in den Brüter gelegt werden, muss dieser „einlaufen". Der Brüter wird auf die optimale Luftfeuchtigkeit und Temperatur eingestellt. Bei Motorbrütern erfolgt die Messung der Temperatur im Zentrum des Brüters. Bei Flächenbrütern wird die Temperatur an der Oberkante der Eier gemessen. Vor jeder Bebrütung von Wachteleiern müssen die Funktionen des Thermometers und des Hygrometers überprüft werden.

Folgende Temperatur- und Luftfeuchtigkeitswerte sollten erreicht werden:

- Motorbrüter: 37,6 Grad Celsius
- Flächenbrüter: 38,3 Grad Celsius
- Luftfeuchtigkeit: 55 Prozent

Die Werte werden zwei Tage lang kontrolliert. Sind die Werte konstant, kann mit der Bebrütung der Eier begonnen werden.

## 5.7 Aufgaben während der Brut

Besitzt der Brüter ein automatisches Wendesystem, kann dieses gleich nach dem Einsetzen der Eier eingeschaltet werden. Manuell sollten die Bruteier erst ab dem dritten Tag gewendet werden. In den ersten drei Tagen muss eine Öffnung des Brüters unbedingt vermieden werden, damit keine Temperaturschwankungen auftreten.

Zwischen dem vierten und fünften Tag müssen die Wachteleier regelmäßig gewendet werden. Am neunten Tag ist eine Durchleuchtung mit der Schierlampe möglich. Abgestorbene Wachteleier werden aus dem Brüter entfernt.

Am 16. Tag werden die Wachteleier auf die Schlupfhorde, deren Boden aus drei mal drei Millimeter dickem Draht besteht, gelegt. Die Eier müssen unbedingt umgelegt werden, damit die Küken nicht auf den Rollhorden schlüpfen. Diese verursachen bei den Küken Verletzungen der Beine und Spreizbeine. Zwischen dem 16. und 18. Tag wird die Luftfeuchtigkeit auf 85 bis 90 Prozent erhöht. Die Eier werden nicht mehr gewendet. Damit die Luftfeuchtigkeit konstant bleibt, darf der Brüter nicht mehr geöffnet werden.

## 5.8 Aufgaben am Schlupftag

Spätestens 48 Stunden nach dem Schlüpfen werden die trockenen Küken aus dem Brüter entnommen und in eine Kükenbox umgesetzt. Damit Stress vermieden wird, sollten die Küken immer paarweise umgesetzt werden. Eine Einstreu darf noch nicht verwendet werden. Nach dem Schlüpfen müssen die Küken sofort frisches Trinkwasser erhalten. Dieses wird mit einem Multivitaminpräparat versetzt. Auf dem Fressplatz wird Wachtelkükenfutter, dass mit Blaumohn vermischt ist, angeboten. Die Temperatur wird über eine Wärmeplatte geregelt. Die Beleuchtung sollte konstant über 24 Stunden eingeschaltet sein, da die Küken noch keinen geregelten Tag- und Nacht-Rhythmus haben.

# 6. DIE AUFZUCHT VON WACHTELN

Wachtelküken können einfach aufgezogen werden. Sie benötigen dafür eine Aufzuchtbox (Kükenheim), in der die Küken die ersten drei Wochen ihres Lebens verbringen. Als Wärmequelle werden Infrarotlampen oder Wärmeplatten verwendet. Bei Schneewachteln dürfen keine Infrarotlampen eingesetzt werden. Die Küken haben rote Augen und sind bei Infrarotlicht blind. In dem Kükenheim sollte eine konstante Temperatur von 38 Grad Celsius herrschen. Wachtelkükenfutter und frisches Trinkwasser müssen täglich angeboten werden.

## 6.1 Arten von Kükenheimen

Ein Kükenheim kann selbst gebaut oder im Handel gekauft werden. Die Größe richtet sich nach der Anzahl der eingesetzten Küken.

### 6.1.1 Kükenheim mini

Das Kükenheim ist 71 x 46 x 31,5 Zentimeter groß. In ihm finden bis zu 20 Wachtelküken Platz. Ein abnehmbarer Gittereinsatz im oberen Bereich erleichtert das Einbringen von Futter und Wasser.

### 6.1.2 Kükenheim maxi

Auf 99 x 51 x 36 Zentimetern können bis zu 40 Wachtelküken aufgezogen werden. Die Temperatur wird über eine Wärmeplatte und eine Wärmelampe konstant gehalten.

### 6.1.3 Kükenheim selber bauen

Für ein Kükenheim können Sie einen Kaninchenkäfig, ein Aquarium oder einen großen Karton verwenden. Bei einem Aquarium aus Glas ist unbedingt darauf zu achten, dass das Kükenheim gut durchlüftet wird.

## 6.2 Vorbereitung eines Kükenheims

Bevor die geschlüpften Küken in die Aufzuchtbox umziehen können, muss diese tiergerecht gestaltet werden. Die Box wird an einem ruhigen Ort auf einem Tisch aufgestellt. Es darf keine Zugluft vorhanden sein. Da die Küken kurz nach dem Schlüpfen die Einstreu noch mit dem Futter verwechseln, darf in den ersten zwei bis drei Wochen der Boden nicht mit einer Einstreu ausgestattet werden. Als Alternative bietet sich Küchenrolle an, die bei der Reinigung leicht ausgetauscht werden kann. Die saugstarke Küchenrolle bindet die Feuchtigkeit und den Schmutz. Unter die Küchenrolle wird zum Schutz des Bodens eine Lage Zeitungspapier eingelegt. Die Küchenrolle verhindert, dass die Küken auf dem Boden ausrutschen. Die Vögel können ihre Beinmuskulatur langsam aufbauen. Als Alternative zu der Küchenrolle kann auch grobes Buchenhack verwendet werden. Dieses ist aber teurer und schwieriger zu reinigen.

Jetzt muss noch die Wärmequelle eingesetzt werden. Der Futterplatz muss in einiger Entfernung von der Wärmelampe eingerichtet werden, damit das Wachtelkükenfutter länger frisch bleibt. Der Tränkplatz ist von dem Futterplatz getrennt.

Damit sich die Küken in ihrer Umgebung orientieren können, benötigen sie eine kleine Lichtquelle. Zu helles Licht sollte direkt nach dem Schlüpfen vermieden werden.

Ab dem vierten Lebenstag kann die Umgebungstemperatur langsam um einen Grad Celsius pro Tag gesenkt werden. Die eigene Temperaturregulation der Küken hat sich bis zu diesem Zeitpunkt bereits entwickelt.

Ab der fünften Woche benötigen die Küken auch ein Sandbad. Sie beginnen, das Gefieder zu pflegen.

## 6.3 Erkennung des Geschlechts

Spätestens ab der sechsten Lebenswoche müssen die Wachtelküken getrennt werden, da sie flügge sind und erste Revierkämpfe vorkommen. Jetzt ist es auch wichtig, eine Geschlechtsdifferenzierung vorzunehmen. Der Geschlechtstest muss mehrmals im Abstand von einigen Tagen durchgeführt werden, da es individuell unterschiedlich ist, wie schnell die Küken äußere Geschlechtsmerkmale entwickeln.

**Der Kloakentest:**

Bei einem Wachtelhahn befindet sich im hinteren Teil der Kloake eine Beule, aus der auf Druck ein weißes Sekret abgesondert wird. Bei Hennen fehlt diese Beule.

Sobald die Geschlechtsbestimmung durchgeführt worden ist, können die Küken in das normale Wachtelgehege umziehen.

## 6.4 Aufzucht von Küken

Die Aufzucht von Küken ist auch für Anfänger leicht durchzuführen. Es ist wichtig, folgende Punkte bei der Aufzucht der Küken zu beachten:

Der Boden muss weich und rutschfest sein. Damit die Küken nicht in der Wasserschale ertrinken, darf diese maximal einen Zentimeter tief sein. Am Anfang können Sie auch den Deckel eines Marmeladenglases als Tränke verwenden. Damit die Küken ihr Futter schneller erkennen, wird es mit den Körnern von Blaumohn versetzt. Die Wachtelküken besitzen einen besonderen „Futterschutz“. Sie fressen nur die Menge an Futter, die sie für das Wachstum benötigen. Das erste Futter besteht vor allem aus Eiweiß. Nach einigen Tagen wird es durch Mais und Hirse ergänzt. Ab der dritten bis vierten Woche kann auch schon zerkleinertes Gemüse gefüttert werden. Für den Aufbau der Knochen benötigen die Küken ausreichend Kalzium. Durch Immun Complete und Kräuter werden die Verdauungstätigkeit gefördert und das Immunsystem aufgebaut.

Anfänger sollten bei der ersten Kükenaufzucht Wachtelkükenfutter aus dem Handel verwenden, damit die Küken alle erforderlichen Nährstoffe erhalten. Mit zunehmender Erfahrung kann das Wachtelkükenfutter auch selber hergestellt werden.

# 7. WACHTELN ALS NAHRUNGSMITTEL

Wachteln werden schon seit der Antike als Nahrungsmittel geschätzt. In der Bibel werden die Zugvögel gemeinsam mit Manna bei dem Auszug der Israeliten aus Ägypten erwähnt. Die Arbeiter, die die Pyramiden erbauten, wurden mit Fleisch aus großen Wachtelfarmen ernährt, um den hohen Eiweißbedarf zu decken. Bei den Griechen und den Römern galten Wachteln und ihre Eier als Delikatesse. Mit den römischen Soldaten und Händlern gelangten die Wachteln auch in das übrige Europa. Durch die Bejagung der Vögel nahmen aber die wild lebenden Bestände immer stärker ab.

Heute stammen das Wachtelfleisch und die Wachteleier von Wachteln, die als Heimtiere gehalten werden.

Wachteln sind nicht sehr groß. Das Fleisch wird daher meistens als Vorspeise serviert. Die gebratenen und marinierten Vögel werden im Ganzen serviert. Das Fleisch kann mit der Gabel oder einem kleinen Messer von den Knochen gelöst werden. Die Flügel werden nicht gegessen.

Wachtelfleisch besitzt einen sehr hohen Gehalt an verdaulichem und hochwertigem Protein. Es ist fettarm und gut verträglich.

Wachtelfleisch kann auf verschiedene Arten zubereitet werden. Hier finden Sie einige Rezepte, die Sie einfach nachkochen können:

**1. Suppe mit Wachteln und Wachtelei**

Bereiten Sie eine Gemüsesuppe zu und kochen Sie in dieser die Wachtelfleischstücke. Die Wachteleier werden vier Minuten lang hart gekocht und anschließend geschält und halbiert.

Lösen Sie das gekochte Wachtelfleisch von den Knochen und servieren Sie das Fleisch mit der Suppe und den halbierten Wachteleiern zusammen mit geröstetem Brot und frischen Kräutern.

**2. Gebratenes Wachtelfleisch**

Reiben Sie die Wachteln mit Pfeffer, Salz und einer kleinen Menge Butter ein. Füllen Sie die Brusthöhle mit Wacholderbeeren und frischen

Thymianzweigen. Fetten Sie einen kleinen Bräter und legen Sie die Wachteln mit der Brustseite nach oben in den Bräter. Das Fleisch wird bei 220 Grad Celsius 25 Minuten lang im Backofen gebraten. Damit das Fleisch nicht zu trocken wird, sollten sie es alle acht bis zehn Minuten noch einmal mit zerlassener Butter bestreichen. Als Beilage eignen sich Champignons und gebratene Kartoffeln. Damit die Champignons den feinen Geschmack des Wachtelfleischs annehmen, können Sie gekochte Champignons in den Bräter legen und das Fleisch gemeinsam mit den Champignons noch 15 Minuten lang im Backrohr schmoren.

### 3. Wachtelfleischaufstrich

Sie wollen auch die Innereien der Wachteln verwenden? Dann eignet sich dafür gut die Zubereitung eines Wachtelfleischaufstrichs.

Das Wachtelfleisch wird mit einer zerkleinerten Karotte und einer Zwiebel gekocht. Sobald das Fleisch weich ist, wird es von den Knochen gelöst. Das Fleisch wird gemeinsam mit dem Gemüse in einem Mixer zu einer pastetigen Masse vermischt. Gewürzt wird der Aufstrich mit

Thymian, Rosmarin, Wacholderbeeren, Salz und Pfeffer.

Zu dem Aufstrich passen besonders gut geröstetes Brot und frische Preiselbeeren oder Preiselbeermarmelade.

## 7.1 Giftigkeit von Wachtelfleisch

Wachtelfleisch kann allerdings auch giftig sein. Davon ist aber nicht das Fleisch von als Heimtieren gehaltenen Wachteln betroffen. Wild lebende Wachteln ernähren sich von verschiedenen Pflanzen und Samen, die für die Vögel nicht giftig sind. Dazu zählen unter anderem Schierlingssamen und andere Pflanzen, die noch nicht identifiziert sind. Nach dem Verzehr bildet sich in der Muskulatur der Wachteln ein Giftstoff, der die Vögel nicht beeinträchtigt. Wird das Fleisch einer solchen Wachtel von einem Menschen verzehrt, tritt Coturnismus auf. Die Muskelzellen des Herzmuskels und der quergestreiften Muskulatur werden durch den Giftstoff zerstört. Der Muskelfarbstoff, Myoglobin, wird freigesetzt und über die Nieren ausgeschieden. Die Nieren stellen ihre Filtertätigkeit ein und versagen. Coturnismus tritt vor allem in Israel, Griechenland und der Türkei auf. Eine Behandlung ist nicht möglich. Der Arzt versucht, den Giftstoff aus dem Blut durch eine Dialyse (Blutwäsche) zu entfernen.

## 7.2 Wachteleier

Wachteleier sind in ihrem Nest gut getarnt. Die schwarz-weiß oder braun-schwarz gesprenkelten Eischalen verschmelzen mit dem Untergrund und sind für Raubtiere kaum sichtbar. Das Gewicht der kleinen Wachteleier liegt zwischen zehn und zwölf Gramm. Sie sind wesentlich kleiner als die Eier von Hühnern. Ob poschiert, hart oder weich gekocht, die Wachteleier ziehen auf einem Buffet oder dem Teller immer die Blicke auf sich. Der intensive Geschmack ist fein und würzig.

Wachteleier sind aber nicht nur gut schmeckende Delikatessen. Sie sind gesund, da die Eier um 15 Prozent weniger Cholesterin enthalten als die Eier von Hühnern. Der hohe Anteil an Vitaminen, Mineralstoffen und Aminosäuren fördert das Abwehrsystem und erhöht die Vitalität.

Wachteleier müssen anders als Hühnereier von der Schale befreit werden, da sich direkt unter des Eischale eine feste Haut befindet. Die Kochzeit liegt zwischen zwei und vier Minuten. Nach dem Kochvorgang werden die Wachteleier mit kaltem Wasser abgeschreckt. Anschließend muss das Ei so lange auf einer harten Unterlage gerollt werden, bis die Schale beginnt zu zerbrechen. Eventuell kann die Schale auch vorsichtig mit der Messerspitze an der Spitze des Eis eingeritzt werden. Die Eischale wird von der Spitze des Eis weg vorsichtig entfernt.

Bei kühler Lagerung können die Wachteleier bis zu sechs Wochen aufbewahrt werden. Werden Wachteleier direkt in Speisen gemischt oder zum Backen verwendet, beeinflussen sie den Geschmack der Speisen nicht.

# 8. DAS LEBENSENDE VON WACHTELN

Wachteln können, abhängig von der Wachtelart, bei optimalen Haltungsbedingungen zwischen zwei und sieben Jahre alt werden. In der freien Natur beträgt die Lebenserwartung der wilden Wachteln oft nur drei Jahre. Dabei beträgt die durchschnittliche Lebenserwartung der Hennen 3,5 Jahre, die der Hähne 5,5 Jahre. Werden häufig tote Wachteln im Gehege aufgefunden, sollte die Ursache für das Sterben genau geklärt werden.

## 8.1 Natürlicher Tod

Das sind die häufigsten Todesursachen:

- Raubtiere
- Kaninchen im Wachtelstall
- eine Überzahl an Wachtelhähnen
- Streit in der Wachtelgruppe

- zu niedrige Voliere
- Krankheiten
- Parasiten
- schlechte Haltungsbedingungen
- Alter

Füchse, Marder, Wiesel oder Ratten dringen durch Schlupflöcher in den Wachtelstall ein und töten die Vögel. Füchse können sich auch unter dem Zaun durchgraben, daher ist die Absicherung des Geheges durch ein im Boden liegendes Drahtgitter wichtig.

Füchse töten alle Wachteln, sie schleppen die Beute einzeln nach draußen und lagern sie für eine spätere Mahlzeit.

Marder töten ebenfalls alle Vögel, lassen jedoch einige Beutetiere zurück. Sind Wiesel in die Voliere eingedrungen, wurden die Wachteln durch einen Biss im Kehlbereich getötet. Die Wiesel saugen den Tieren auch das Blut aus. Ratten töten nur einige Wachteln. Viele Tiere werden durch Bisse schwer verletzt.

Damit die Feinde nicht in das Gehege eindringen können, sollte dieses mit einem Draht von 12 mal 12 Millimetern gesichert werden.

Werden Kaninchen, Meerschweinchen oder Hühner gemeinsam mit den Wachteln in einem Stall gehalten, kann es in unbeobachteten Momenten zu Streitigkeiten kommen. Die Wachteln werden von den anderen Tieren getötet.

Bei einem Überbesatz an Wachtelhähnen treten vermehrt Revierstreitigkeiten auf. Im Kopfbereich sind blutende Wunden zu erkennen. Eventuell verliert die angegriffene Wachtel ein Auge. Diese Verletzungen können auch bei Mobbing durch eine Henne auftreten.

Bei Streitigkeiten innerhalb der Wachtelgruppe werden rangniedrige Tiere immer wieder attackiert. Sind nicht genügend Rückzugsmöglichkeiten vorhanden, kann das für die schwächeren Tiere tödlich enden. Meistens sind Verletzungen am Kopf sichtbar. Das Verhalten der Wachteln ist verändert. Die Gruppe ist verstört und gestresst.

In diesem Fall sollte die Wachtel, die den Streit verursacht, für einige Zeit von der Gruppe getrennt werden. Hat sich die Situation beruhigt, kann versucht werden, die Wachtel wieder in die Gruppe zu integrieren.

Betreten Menschen das Gehege, fliegen die Wachteln oft erschrocken auf. Ist die Voliere nicht hoch genug, stoßen die Vögel an die Decke und brechen sich das Genick. Dieses Problem kann auf zwei Arten verhindert werden. Ist das Gehege nur 40 Zentimeter hoch, können die Wachteln nicht auffliegen. Bei einer Gehegehöhe von 1,8 Metern lässt der Schwung im oberen Bereich bereits nach. Der Aufprall an der Decke oder den Wänden ist nicht mehr so heftig.

Ist eine Wachtel gestorben, ohne dass eine Ursache zu erkennen ist, sollte der Vogel von einem Tierarzt untersucht und seziert werden. Dadurch können Krankheiten identifiziert und eine weitere Ausbreitung im Bestand verhindert werden. Liegt eine meldepflichtige oder anzeigepflichtige Erkrankung vor, kann der Tierarzt die weiteren Schritte in die Wege leiten.

Ein hoher Parasitenbefall schwächt die Wachteln durch einen steten Blutverlust. Bei Durchfall verlieren die kleinen Vögel viel Flüssigkeit und trocknen aus. Daher sollten immer das Gefieder und der Kot der Wachteln beim Betreten des Stalls begutachtet werden. Eventuell können Wachteln zweimal pro Jahr vorbeugend entwurmt werden, wenn in dem Bestand bereits früher Probleme mit Darmparasiten aufgetreten sind.

Durch schlechte Haltungsbedingungen und Stress wird das Immunsystem der Wachteln geschwächt. Die Tiere sind anfälliger für Infektionen mit Krankheitserregern oder Parasiten. Die Sterberate steigt.

Haben die Wachteln ihr natürliches Lebensalter erreicht, sterben die Vögel. Durch die Selektion auf Fleischleistung und Legeleistung bei der Zucht können die Wachteln auch schon in jungen Jahren tot aufgefunden werden. Meistens ist Herzversagen die Ursache für den plötzlichen Tod der Vögel.

## 8.2 Schlachtung

Wann wird eine Schlachtung durchgeführt:

- Die Wachtel ist schwer verletzt.
- Die Wachtel ist krank.
- Gewinnung von Wachtelfleisch

Manchmal müssen auch Legewachteln getötet werden. Sind die Vögel durch Streitigkeiten in der Wachtelgruppe schwer verletzt worden und ist keine Behandlung möglich, müssen die Wachteln getötet werden. Sind im Bestand mehrere Wachteln erkrankt, sollten nicht alle Tiere sofort getötet werden. Einige kranke Wachteln sollten lebend zu einem Tierarzt gebracht werden, damit dieser anhand der Untersuchung und der Sektion toter Wachteln die Krankheit leichter identifizieren kann.

Der Vorgang für das Töten einer Wachtel ist unabhängig davon, ob es sich um ein gesundes oder krankes Tier handelt. Damit die Wachtel bei der Tötung nicht leidet oder Schmerzen und Angst empfindet, muss die Schlachtung gemäß den Richtlinien des Tierschutzgesetzes durchgeführt werden. Während der Tötung dürfen sich die anderen Wachteln nicht in Sichtweite befinden.

Für die Schlachtung wird folgendes Werkzeug benötigt:

- harte Unterlage
- Schlagholz
- Hackmesser

Die Wachtel wird mit der linken Hand hinter dem Kopf fixiert. Durch einen gezielten Schlag mit dem Schlagholz wird die Wachtel betäubt. Sobald die Wachtel auf die harte Unterlage gelegt worden ist, wird ihr Kopf mit dem Hackmesser abgetrennt. Um das Holzbrett nicht stark mit dem Blut zu verunreinigen, wird die Wachtel in ein großes Schlachtgefäß oder einen Schlachttrichter gelegt. Der Vogel stirbt durch den Blutverlust innerhalb von zwei bis drei Minuten.

Handelt es sich um eine reguläre Schlachtung, müssen nach dem Tod der Wachtel die Federn entfernt werden. Dies geschieht durch Rupfen der Wachtel. Der Vogel wird zehn Sekunden lang in ein 70 Grad Celsius heißes Wasserbad getaucht. Anschließend lassen sich die Federn leicht herausziehen. Die noch verbliebenen Federkiele werden mit einem Bunsenbrenner entfernt.

Damit die Haut sauber ist, wird der tote Vogel in ein Bad aus Wasser und Spülmittel getaucht und abgewaschen. Reste des Spülmittels werden durch ein weiteres Bad mit klarem Wasser entfernt.

Jetzt muss die Wachtel noch ausgenommen werden. Die inneren Organe müssen kurz nach dem Schlachten entfernt werden, damit sich die Darmkeime nicht im gesamten Körper der Wachtel ausbreiten können.

**So erfolgt das Ausnehmen der Wachtel:**

1. Die Wachtel wird mit ihrem Rücken auf ein Holzbrett gelegt. Die Bänder und Sehnen werden an den Fersen durchtrennt.

2. Der Hals wird geöffnet. Luftröhre, Kropf und Speiseröhre werden herausgezogen.

3. Nach dem Aufschneiden der Brust (das Brustbein wird mit einem scharfen Messer durchtrennt) wird die Bauchmuskulatur geöffnet. Jetzt können der Darm und die anderen inneren Organe entfernt werden.

Damit keine Verunreinigungen zurückbleiben, wird die Wachtel innen und außen noch einmal mit Wasser gespült.

Die geschlachtete Wachtel ist jetzt aufbereitet und kann der Küche zur weiteren Verarbeitung übergeben werden.

## Warum müssen Wachteln geschlachtet werden?

Im Alter von sechs Wochen sind die Wachteln ausgewachsen und geschlechtsreif. Die Hähne beginnen, laute Geräusche zu machen. Bereits zwei Wochen später beginnen die Revierkämpfe um die Hennen und es treten bei vielen Vögeln Verletzungen auf.

Üblicherweise besteht eine Wachtelgruppe aus einem Hahn und drei bis fünf Hennen. Gruppen, die nur aus Hähnen bestehen, sind nicht möglich, da sich die Vögel bekämpfen würden. Wird je ein Hahn mit einer Henne gehalten, steht die Henne durch die Aktivitäten des Hahns unter Dauerstress. Eventuell wird sie sogar von dem Hahn verletzt. Eine Einzelhaltung von Hähnen kommt aus tierschutzrechtlichen Gründen ebenfalls nicht in Frage.

Da aus den Bruteiern normalerweise 50 Prozent Hennen und 50 Prozent Hähne schlüpfen, befinden sich die Hähne in der Überzahl. Wie sollen die Hähne also untergebracht werden?

Werden die Tiere in der freien Natur ausgesetzt, sind sie nicht in der Lage, sich selbst zu versorgen. Sie verhungern oder verdursten innerhalb weniger Tage. Außerdem werden die Tiere schnell von Raubtieren gerissen.

Eventuell hat ein anderer Züchter Bedarf an einem Hahn und kann diesen in seinen Bestand aufnehmen.

Für die anderen Hähne bleibt nur eine Lösung: eine tierschutzgerechte Schlachtung, um ihnen ein nicht tiergerechtes Leben zu ersparen.

# 9. SCHLUSSWORT

Jetzt sind Sie am Ende des Buches angelangt. Sie haben viele Informationen über Wachtelarten, ihre Lebensweise, Haltung, Fütterung und Aufzucht erhalten. Mit diesem Buch sind Sie auch als Anfänger bei der Hobbyzucht von Wachteln gut gerüstet. Sobald Sie sich für die für Ihre Bedürfnisse geeignete Wachtelart entschieden haben, können Sie mit der Haltung starten. Sie werden viel Freude an den zierlichen und schönen Vögeln haben und im Laufe der Zeit Ihre Wissensgrundlagen noch weiter erweitern.

Ich bedanke mich bei Ihnen, dass Sie dieses Buch gekauft und gelesen haben, und wünsche Ihnen noch viel Spaß bei dem Aufbau Ihres eigenen Wachtelbestandes.

Made in the USA
Monee, IL
05 November 2026

67380111R00080